3.1.1 文本工具

3.1.2 旧版标题

.1.4 基本图形编辑

3.1.5 基本图形模板

1 书写文字效果——书写工具

4.2 街边霓虹灯闪烁效果——模糊工具

3 逐字输入的打字机效果——文本工具

LOVERS

4.4 镂空文字视频效果——轨道遮罩键

4.5 水波纹流动文字效果——湍流置换

4.6 文字标题扫光效果——蒙版

5.2 炫酷巧妙的渐变擦除——渐变转场

5.3 电影回忆转场——湍流置换

5.5 神秘仪式感的溶解转场——差值遮罩

5.9 画面分割转场——裁剪

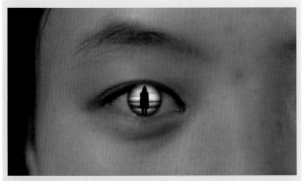

6.1 由画面到瞳孔的穿越转场——蒙版

6.2 通往星空的马路创意转场——渐变擦除

6.8 炫酷井盖转场——蒙版

6.9 快速旋转转场——镜像

.2 视频定格拍照效果——添加帧定格

7.3 高级分屏大片效果——旧版标题

4 欧美风网格效果——网格

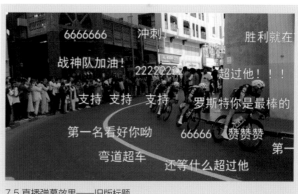

7.5 直播弹幕效果——旧版标题

6 所有屏幕都是你的——边角定位

7.9 音乐节奏卡点剪辑——Beat Edit 插件

8.2 视频转铅笔画风格——查找边缘

8.5 复古老电影画质——波形变形

8.6 双重曝光——混合模式

10.1 保留那一抹绚烂

10.2 春夏秋冬任你选

10.4 调色你只需一键

10.5 电影感 LUT 预设

10.6 Log 素材分级调色

新 印象

Premiere Pro CC

短视频剪辑/拍摄/特效制作
实战教程

李延周　王小飞 ——— 编著

人民邮电出版社
北京

图书在版编目（CIP）数据

新印象：Premiere Pro CC 短视频剪辑/拍摄/特效
制作实战教程 / 李延周，王小飞编著. -- 北京 ：人民
邮电出版社，2020.7（2022.12 重印）
ISBN 978-7-115-53679-2

Ⅰ．①新… Ⅱ．①李… ②王… Ⅲ．①视频编辑软件
－教材②视频制作－教材 Ⅳ．①TP317.53②TN948.4

中国版本图书馆CIP数据核字(2020)第048022号

内 容 提 要

本书以 Adobe Premiere Pro CC 非线性编辑软件为基础，将 Premiere Pro CC 的各项核心功能与短视频中各类型技巧性效果相结合，通过实战案例的形式展开讲解。全书内容共分为三大部分，第一部分讲解软件快速入门和短视频版面设置，第二部分讲解字幕效果、转场效果、技巧性效果和调色效果的制作技巧和案例，第三部分结合拍摄技巧讲解短视频摄制的全部流程。通过"总—分—总"的结构形式，加上对剪辑和拍摄的相互配合的讲解，使读者真正做到学以致用。

本书附赠丰富的教学资源，包括书中案例的音频素材、视频素材、效果文件和案例操作在线教学视频，为读者的视频创作提供实用的制作技巧演示和创作灵感，适合短视频创作者、白媒体创作者、新媒体运营者、影视爱好者学习使用，也可作为中、高等院校相关专业和培训机构的辅导教材。

♦ 编　　著　李延周　王小飞
　　责任编辑　王　冉
　　责任印制　马振武

♦ 人民邮电出版社出版发行　　北京市丰台区成寿寺路 11 号
　邮编　100164　　电子邮件　315@ptpress.com.cn
　网址　https://www.ptpress.com.cn
　雅迪云印（天津）科技有限公司印刷

♦ 开本：787×1092　1/16　　　彩插：2
　印张：19　　　　　　　　　2020 年 7 月第 1 版
　字数：596 千字　　　　　　2022 年 12 月天津第 12 次印刷

定价：108.90 元

读者服务热线：(010)81055410　印装质量热线：(010)81055316
反盗版热线：(010)81055315
广告经营许可证：京东市监广登字 20170147 号

前言

Foreword

Premiere Pro（简称 PR）是视频制作爱好者和影视专业人士必不可少的视频编辑工具。该款软件主要用于采集、剪辑、调色、美化音频、字幕添加和输出等视频制作，是一款易学、高效、专业的视频剪辑软件，能满足用户创作高质量作品的要求。本书使用的软件版本为 Premiere Pro CC。

一、编写目的

随着互联网的发展，视频在各种领域被广泛应用，在此背景下，我们推出视频拍摄和剪辑相结合的实战教程，用 Premiere Pro CC 软件结合当下热门的实战案例，帮助读者全方位掌握视频制作流程。

二、主要内容

本书是一本视频制作的实用教程，共分为 13 章，从基础应用到技巧性效果，再到视频的前期拍摄都进行了详细的讲解，为方便读者学习，笔者对本书的学习思路进行梳理，详见下图。

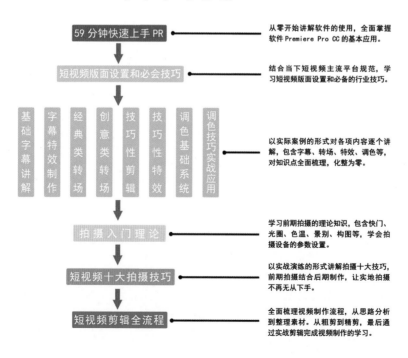

本 书 学 习 思 路

59 分钟快速上手 PR — 从零开始讲解软件的使用，全面掌握软件 Premiere Pro CC 的基本应用。

短视频版面设置和必会技巧 — 结合当下短视频主流平台规范，学习短视频版面设置和必备的行业技巧。

基础字幕讲解　字幕特效制作　经典类转场　创意类转场　技巧性剪辑　技巧性特效　调色基础系统　调色技巧实战应用 — 以实际案例的形式对各项内容逐个讲解，包含字幕、转场、特效、调色等，对知识点全面梳理，化整为零。

拍摄入门理论 — 学习前期拍摄的理论知识，包含快门、光圈、色温、景别、构图等，学会拍摄设备的参数设置。

短视频十大拍摄技巧 — 以实战演练的形式讲解拍摄十大技巧，前期拍摄结合后期制作，让实地拍摄不再无从下手。

短视频剪辑全流程 — 全面梳理视频制作流程，从思路分析到整理素材。从粗剪到精剪，最后通过实战剪辑完成视频制作的学习。

三、本书特色

本书以通俗易懂的语言，结合 Premiere Pro CC 全面讲解了短视频制作实战方面的内容，实战案例均以行业应用为基准，满足创作者随学随用的设计需求。

1.为了使初学者在学习过程中更容易接受所学内容，本书通过"总—分—总"的结构进行讲解，即先讲解软件的基本操作，然后再逐一剖析各项知识点，最后讲解全流程实战案例。

2.正文内容主要以知识点与实战案例相结合的形式进行讲解，并附赠所有的案例素材和在线教学视频，让读者在学习的同时练习实战的技巧。

3.本书还设置了"要点提示""知识拓展""实战练习""相关链接"等知识结构，帮助读者进一步加深对内容的理解，真正做到易学、能懂、会用。

四、致谢

本书由李延周、王小飞联合编写，由于编者水平有限，书中疏忽与不妥之处在所难免。在感谢您选择本书的同时也希望您能把对本书的意见和建议告诉我们。

作者

2020 年 5 月

资源与支持

本书由"数艺设"出品，"数艺设"社区平台（www.shuyishe.com）为您提供后续服务。

配套资源

案例素材文件，包括视频、音频和图片，方便读者进行操作练习。

部分案例效果文件，为读者展示制作好的案例效果。

在线教学视频，为读者清晰讲解案例的操作步骤，支持PC端和移动端观看。

资源获取请扫码

"数艺设"社区平台， 为艺术设计从业者提供专业的教育产品。

与我们联系

我们的联系邮箱是szys@ptpress.com.cn。如果您对本书有任何疑问或建议，请您发邮件给我们，并请在邮件标题中注明本书书名及ISBN，以便我们更高效地做出反馈。

如果您有兴趣出版图书、录制教学课程，或者参与技术审校等工作，可以发邮件给我们；有意出版图书的作者也可以到"数艺设"社区平台在线投稿（直接访问www.shuyishe.com即可）。如果学校、培训机构或企业想批量购买本书或"数艺设"出版的其他图书，也可以发邮件联系我们。

如果您在网上发现针对"数艺设"出品图书的各种形式的盗版行为，包括对图书全部或部分内容的非授权传播，请您将怀疑有侵权行为的链接通过邮件发给我们。您的这一举动是对作者权益的保护，也是我们持续为您提供有价值的内容的动力之源。

关于"数艺设"

人民邮电出版社有限公司旗下品牌"数艺设"，专注于专业艺术设计类图书出版，为艺术设计从业者提供专业的图书、U书、课程等教育产品。出版领域涉及平面、三维、影视、摄影与后期等数字艺术门类，字体设计、品牌设计、色彩设计等设计理论与应用门类，UI设计、电商设计、新媒体设计、游戏设计、交互设计、原型设计等互联网设计门类，环艺设计手绘、插画设计手绘、工业设计手绘等设计手绘门类。更多服务请访问"数艺设"社区平台www.shuyishe.com。我们将提供及时、准确、专业的学习服务。

目录

Contents

目录

Contents

目录

Contents

目录

Contents

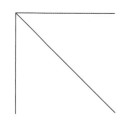

第1篇

PR快速入门和
短视频制作篇

第1章

59分钟快速上手PR

本章主要讲解 Premiere Pro CC 软件的入门知识。首先让读者了解剪辑流程、认识软件工作区,对视频剪辑有一个整体的认识,之后讲解一些初级的技巧性效果,包括字幕的添加、转场的使用、音乐的衔接、视频的"升、降格"和"效果控件"等,最后延伸讲解抠像特效、电影遮幅和代理剪辑等内容,让读者快速上手 PR 软件。

1.1 剪辑三部曲

在开始剪辑之前我们首先要明白剪辑的整体流程，这样才能避免无效的盲目操作，在思路明确的情况下进行剪辑，可以起到事半功倍的效果，本节将对新建项目、剪辑过程、输出设置3个方面展开讲解，带读者全面了解 Premiere Pro CC 的工作流程。

1.1.1　新建项目

本节讲解的是 Premiere Pro CC 的入门基础知识，会涉及一定的名词理解和参数设置，读者可以通过对入门知识的了解，为后面的剪辑打下基础。首先打开软件 Premiere Pro CC，来到软件的开始界面，然后单击界面中"新建项目"按钮，如图 1-1 所示。

图1-1

在弹出"新建项目"窗口之后，需要给该项目自定义一个名称，"名称"代表的是工程文件的名字。在"名称"的下面是"位置"，"位置"代表的是保存工程文件的路径，单击右侧"浏览"按钮可以自定义保存工程文件的路径，其他选项保持默认即可，最后单击"确定"按钮，即可新建一个项目，如图 1-2 所示。

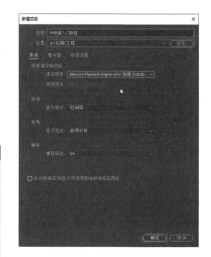

图1-2

> **知识拓展**
>
> - 工程文件：Premiere 里的工程文件又称源文件，也叫作项目文件，工程文件保存的后缀名是 prproj，其中记录的是 Premiere 中的编辑信息和素材路径，需要注意的是工程文件不包含素材本身，在使用时要和素材放在同一设备才能正常使用。
> - "渲染程序"下拉菜单中默认选项的意思是"水银回放引擎 GPU 加速"，由 Adobe 官方认证的显卡型号决定。

1.1.2 剪辑流程

新建项目之后，就开始进入使用Premiere Pro CC进行剪辑的流程，首先将操作界面调整到编辑的工作区面板下，在"工作区选择栏"中单击"编辑"选项即可，如图1-3所示。

切换后的工作区面板如图1-4所示。

图1-3

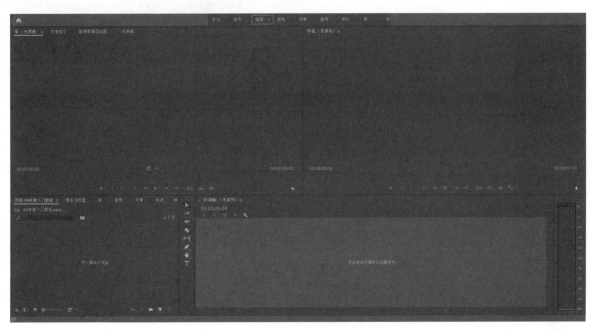

图1-4

在剪辑之前要先导入素材，双击"导入媒体以开始"区域，弹出素材选择窗口，选中需要导入的素材，单击"打开"按钮，如图1-5所示。

接下来开始新建序列，"序列"可以理解为给剪辑对象框定一个统一的画面标准，在剪辑中所有的素材都要以"序列"的标准为依据进行画面调整。单击"新建项"按钮，在列表中选择"序列"选项，如图1-6所示。

图1-5

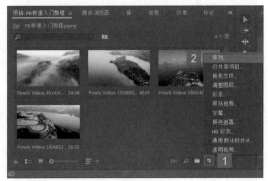

图1-6

在"新建序列"窗口单击"设置",将"编辑模式"设置为"自定义","时基"设置为"25.00帧 / 秒","帧大小"水平设置为"1920"、垂直设置为" 1080","像素长宽比"设置为"方形像素(1.0)",其他参数保持默认,单击"确定"按钮,如图1-7所示。

图1-7

新建"序列"之后需要将导入的素材拖入时间轴,选中所需素材按住鼠标左键将其拖至时间轴后松开即可,如图1-8所示。

图1-8

这时会弹出"剪辑不匹配警告"的窗口提示,单击"保持现有设置"按钮,如图 1-9 所示。

完成"导入素材"和"新建序列"的操作后,最终面板如图1-10所示。

图1-9

图1-10

知识拓展

- 序列：序列的作用是确定最终成片的视频参数。
- 时基：时基也称"帧速率"，对视频播放而言，帧速率指每秒所显示的静止画面的数量。例如，24 帧 / 秒表示的意思是每秒视频由 24 张画面组成，帧数越高视频越细腻，当低于每秒 16 帧时视频会出现卡顿的感觉。
- 帧大小：帧大小代表视频的尺寸，即长和宽的像素点个数，例如，标清分辨率为 1280x720；高清分辨率为 1920x1080；4K 分辨率为 3840x2160。
- 剪辑不匹配警告：出现这个提示的含义是创建的序列参数和视频素材的参数不完全相同，其中主要包括时基、分辨率、像素长宽比等。出现这种情况，我们一般以自己设置的序列为准，也可以保持原有的视频参数再做进一步修改。

1.1.3 输出设置

视频剪辑完成之后进入导出环节，在导出之前需要先选择导出视频的范围，将时间针移到需要导出视频的开始位置，按快捷键 I，设置"入点"，然后将时间针移到需要导出视频的结束位置，按快捷键 O，设置"出点"，这样就确定了视频导出的范围，如图 1-11 所示。

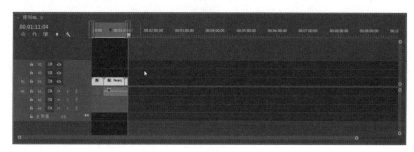

图1-11

最后进行导出参数的设置。执行"文件"→"导出"→"媒体"命令，弹出"导出设置"窗口，将"格式"设置为"H.264"，"预设"设置为"匹配源 - 高比特率"，单击"输出名称"选择保存视频的位置并自定义视频名称，设置完成后，单击"导出"按钮，如图 1-12 所示。

图1-12

知识拓展

- 打"出点"和"入点"的时候要在英文输入法状态下。
- "导出设置"的快捷键是 Ctrl+M。
- 选择"H.264"编码，导出的视频格式就是常用的 MP4 格式。

1.2 工作区的认识

熟悉工作区的使用方法是学习剪辑的必经之路，同时也能在剪辑过程中提高工作效率。导入素材之后，在"编辑"的工作区面板下，整个工作区如图1-13所示。

图1-13

"素材箱"窗口的认识。"素材箱"是用于存放导入剪辑素材的面板，素材可以直接导入"素材箱"，素材类型包括视频、音频、图片，在"素材箱"中左下角的位置，单击"切换视图功能"按钮，可以切换素材显示的形式，如图1-14所示。

单击"素材箱"右下角的"新建素材箱"按钮，然后将素材拖至其中，方便分类和管理素材，如图1-15所示。

图1-14

图1-15

单击"素材箱"右下角的"新建项"按钮，"新建项"中包含"序列""调整图层""颜色遮罩"等功能，如图 1-16 所示，在下面的章节会详细讲解其应用方法。

"源"窗口的认识。双击"素材箱"的视频素材之后，在"源"窗口会出现视频素材的预览画面，这个窗口是原始视频素材的预览窗口，如图 1-17 所示。

图1-16

图1-17

在"源"窗口内，单击"选择缩放级别"按钮 适合，会弹出不同等级的放大或者缩小数值的下拉菜单，它的作用是可以缩放画面，进行更详细的画面预览，当操作完成之后可以选择"适合"回到正常的预览大小，如图 1-18 所示。

单击"选择回放分辨率"按钮 1/2，会弹出不同等级的分辨率调整数值的下拉菜单，它的作用是当预览视频卡顿时可以降低分辨率数值，进行流畅预览视频内容，如图 1-19 所示。

图1-18　　　图1-19

视频预览完之后，进行视频范围的选择。先将时间轴定位到合适位置，单击"入点"按钮可以给视频标记选择范围开始的点，然后定位到另一位置，单击"出点"按钮可以给视频标记选择范围结束的点，如图 1-20 所示。

图1-20

　　确定好范围后，将选取好的视频拖入"时间轴工作区"。将鼠标指针放置在视频的任意位置，按住鼠标左键将其拖入视频轨道后松开即可，如图1-21所示。

图1-21

　　"时间轴工作区"也称作"剪辑工作区"，在剪辑过程中大部分的工作任务都将在"时间轴工作区"完成，剪辑轨道分为"视频轨道"和"音频轨道"两部分，如图1-22所示。

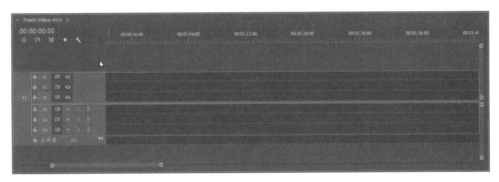

图1-22

　　"视频轨道"的表示方式是V1、V2、V3…，意思是可以添加多轨视频，如需增加轨道数量可以在轨道前端上方空白处单击鼠标右键，然后选择"添加轨道"选项，在弹出的窗口中输入添加轨道的数量即可，如图1-23所示。

图1-23

"音频轨道"的添加和"视频轨道"的添加方式相同，当"音频轨道"有多条音频时，声音将同时播放。

"节目"窗口的认识。"节目"窗口是最终输出成片效果的预览窗口，移动窗口底部时间针或者移动"时间轴工作区"的时间针即可预览成片效果，如图1-24所示。

图1-24

"选择缩放级别"与"源"窗口使用和理解相同。

"选择回放分辨率"与"源"窗口使用和理解相同，需要注意的是这个数值调整为任意数值都不影响视频导出后的分辨率。

"工具工作区"中4种常用工具如图1-25所示。

图1-25

单击"选择工具"按钮 或者按快捷键V可使用选择工具，它主要用于素材的选择以及素材位置的调整，如图1-26所示。

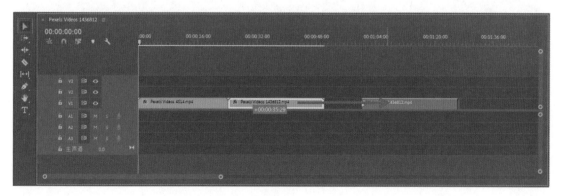

图1-26

19

"向前选择轨道工具"。长按图标█会出现"向前选择轨道工具"和"向后选择轨道工具"的选项，其作用是选中现有位置"向前"或者"向后"的全部素材，进行整体内容的位置调整，如图1-27所示。

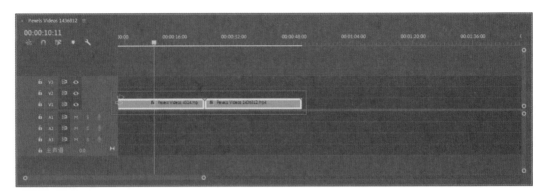

图1-27

"比率拉伸工具"。长按图标█选择"比率拉伸工具"选项，其作用是可以根据素材长度任意改变其播放速度，可以在适当的位置"加快"或者"减慢"素材的播放速度，如图1-28所示。

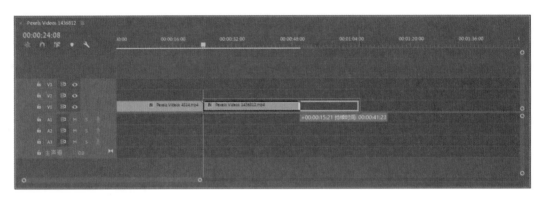

图1-28

单击"剃刀工具"按钮█或者按快捷键C可使用剃刀工具，该工具用于裁剪素材，如图1-29所示。

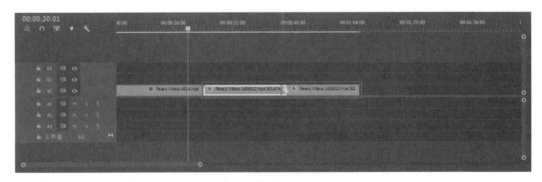

图1-29

以上就是对"工作区"中常用工具及其使用方法的介绍。

1.3 如何剪辑视频

本节将详细讲解移动素材、删除素材、音画分离等剪辑过程中常用的基础操作，以及过程中涉及工具的使用方法。

首先导入素材，执行"文件"→"导入"命令，选择"云层""海岛""山崖"视频素材，完成导入后，选中 3 段视频并将其拖至时间轴，如图 1-30 所示。

图1-30

移动素材。在剪辑过程中移动素材的位置是最常见的操作之一，在"工具工作区"激活"选择工具"，按住鼠标左键并拖动素材即可在时间轴上移动素材的位置，如图 1-31 所示。

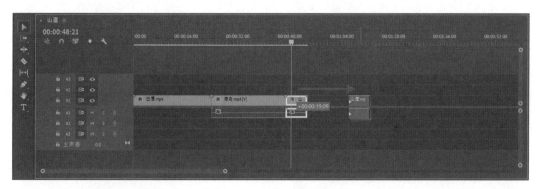

图1-31

删除素材。在"工具工作区"激活"选择工具"，单击选择需要删除的素材，按 Delete 键即可删除素材，如图 1-32 所示。

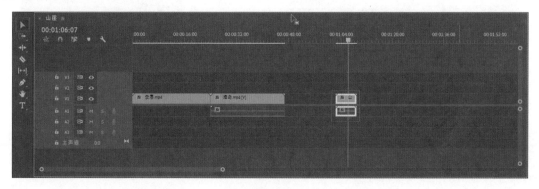

图1-32

知识拓展

- 另外一种删除的方式是将鼠标指针放到素材的"前端"或者"末端"拖动素材，即可保留自己需要的内容，如图1-33所示。

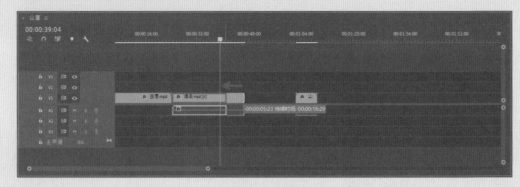

图1-33

放大和缩小时间轴素材。按键盘的＋键放大、－键缩小，可以自定义缩放时间轴上的素材。

音画分离。在某些情况下需要将视频和音频进行分开处理，选中需要处理的素材，然后右键单击，选择"取消链接"选项，即可实现音画分离，如图1-34所示。

图1-34

知识拓展

- 在预览画面时优先显示最上层轨道的视频，音轨不分上下层，会同时播放。
- 按键盘上的＋键和－键时，需要在英文输入法状态下才有效。

1.4 字幕的添加方法

在视频中字幕是非常广泛的一种内容表达形式，字幕的添加不仅可以提高视频的整体质量，在很多自媒体平台中也作为衡量原创视频的一个标准，下面我们用案例的形式来讲解一下添加字幕的流程。

- 要点提示：相同参数的字幕添加
- 应用场景：通用
- 在线视频：第 1 章 \1.4 字幕的添加方法
- 魅力指数：★★★★
- 素材路径：素材 \ 第 1 章 \1.4

01 将"云层"视频素材导入素材箱，然后将素材拖至时间轴，如图1-35 所示。

图1-35

02 执行"文件"→"新建"→"旧版标题"命令，单击"确定"按钮，即可打开"字幕"窗口，如图1-36 所示。

图1-36

03 单击"文字工具"按钮Ｔ，输入文字"天接云涛连晓雾"，然后全选文字，更改字体为"黑体"，调整"字体大小"参数为70，"X位置"参数为"959.0"，"Y位置"参数为"931.0"，"颜色"选择"白色"，设置完成后关闭窗口，如图1-37所示。

图1-37

04 在素材箱中选中"字幕01"拖入到V2轨道，如图1-38所示。

图1-38

05 添加和"字幕01"一样属性但不同内容的文字。双击"字幕01"，单击"基于当前字幕新建字幕"按钮，然后删除当前文字，输入文字"星河欲转千帆舞"，输入完成后关闭窗口，如图1-39所示。

图1-39

06 在素材箱中选中"字幕02"拖到"字幕01"后面，如图1-40所示。

图1-40

这样就完成了视频中字幕的切换，后面课程我们会详细讲解"批量添加字幕"的快捷方法。

知识拓展

- 旧版标题的尺寸会依据当前视频序列的尺寸自动匹配。
- 在根据音频配字幕的时候，需要调整字幕素材的长度来匹配声音。
- 在字幕"属性栏"内可以给字幕添加黑色"外描边"防止和背景层颜色重合。

1.5 视频转场的用法

转场的应用可以很大程度提升视频的技术性，在旅拍、街拍的短视频中转场的技巧性应用为提升画面效果起到了很大的作用。

- 要点提示：转场参数调整
- 应用场景：镜头切换
- 在线视频：第 1 章 \ 1.5 视频转场的用法
- 魅力指数：★ ★ ★ ★
- 素材路径：素材 \ 第 1 章 \ 1.5

01 将"灯光""车流""建筑一""建筑二""建筑三"视频素材导入素材箱，然后将素材依次拖至时间轴，如图 1-41 所示。

图1-41

02 打开"效果"窗口将所需要的转场效果放至两段视频之间，在"视频过渡"下拉列表中选择"沉浸式视频">"VR漏光"效果，然后按住鼠标左键将其拖至"灯光"和"车流"素材之间，转场效果添加完成后时间轴如图 1-42 所示。

图1-42

要点提示

这个时候会弹出"媒体不足。此过渡将包含重复的帧"的对话框，单击"确定"按钮即可。

03 添加转场之后有些转场效果需要根据实际情况具体调整，此时需要选中刚才添加的转场效果，如图 1-43 所示。

04 在"效果控件"面板可以调整过渡的时间长度，以及其他参数，如图 1-44 所示。

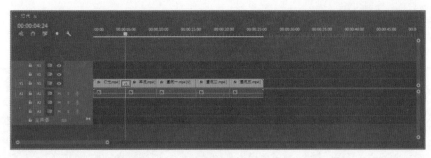

图1-43

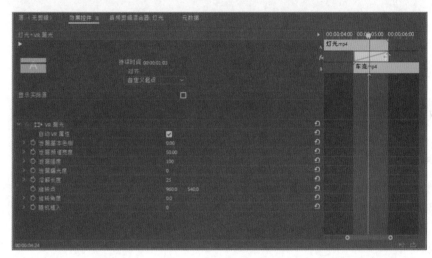

图1-44

05 在"视频过渡"下拉列表中选择"溶解" > "交叉溶解"效果，然后将其拖至"车流"和"建筑一"之间，如图 1-45 所示。

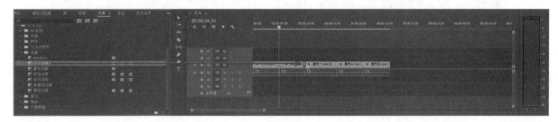

图1-45

06 在"视频过渡"下拉列表中选择"溶解" > "白场过渡"效果，然后将其拖至"建筑一"和"建筑二"之间，如图 1-46 所示。

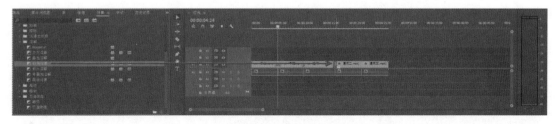

图1-46

07 在"视频过渡"下拉列表中选择"溶解" > "黑场过渡"效果，然后将其拖至"建筑二"和"建筑三"之间，如图 1-47 所示。

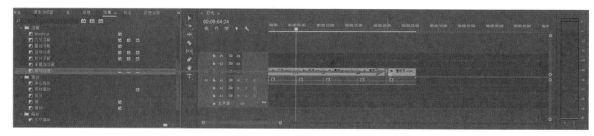

图1-47

08 案例最终效果如图 1-48 所示。

图1-48

知识拓展

- "媒体不足。此过渡将包含重复的帧"对话框出现的原因是：前面视频尾部没有多余的帧来过渡，所以就会重复一些帧来弥补缺少的部分，解决办法是前面的视频在结尾处裁剪一秒，后面的视频在开始处也裁剪一秒。
- 在 Premiere Pro 软件自带的转场效果中常用的有"交叉溶解""黑场过渡""白场过渡"3 种。

1.6 音乐的无缝衔接

　　音乐在视频中是不可缺少的一部分，一部好的作品必然有合适的音乐来衬托，音乐具有烘托气氛、强调节奏、推动情节发展等作用，并且在奥斯卡颁奖典礼中专门有一项奖项叫作"最佳原创音乐奖"，可见背景音乐对视频的重要性。本节主要讲解一下如何合理衔接两段不同风格的背景音乐。

● 要点提示：音频关键帧的使用	● 在线视频：第 1 章\1.6 音乐的无缝衔接	● 素材路径：素材\第 1 章\1.6
● 应用场景：背景音乐过渡	● 魅力指数：★★★	

方法一：

01 将"音频一"和"音频二"素材导入素材箱，然后将其拖至时间轴，如图 1-49 所示。

图1-49

02 按键盘中的 + 键放大时间轴，将"时间针"放至两段音频之间，然后用"剃刀工具"分别截断"音频一"的结尾部分和"音频二"的开头部分，并将其删除，如图 1-50 所示。

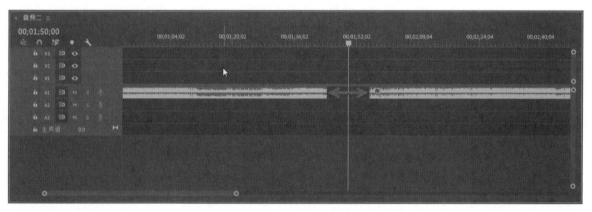

图1-50

03 选中两段音频之间"空白"部分，按 Delete 键删除，打开"效果"窗口，在"音频过渡"下拉列表中选择"交叉淡化" > "恒定功率"效果，然后将其拖至"音频一"和"音频二"之间，即可将两段音频衔接，如图 1-51 所示。

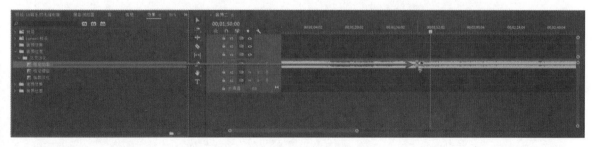

图1-51

方法二：

01 将"音频二"放至 A2 轨道，并且与"音频一"重叠一部分，然后拖曳音频"分界线"拉宽轨道便于操作，如图 1-52 所示。

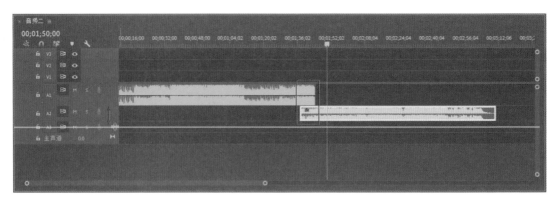

图1-52

02 选中"音频一"，在按住 Ctrl 键的同时单击"音频一"中间的音频控制线，可以标记"音频关键帧"，在两段音频重叠位置的开端和末端各标记一个，如图 1-53 所示。

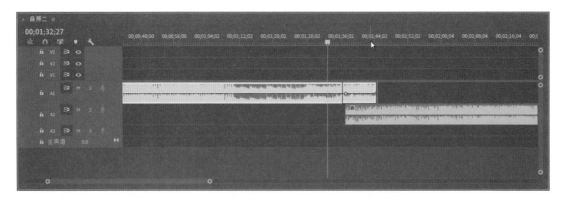

图1-53

03 对"音频二"也进行上一步中同样的操作，如图 1-54 所示。

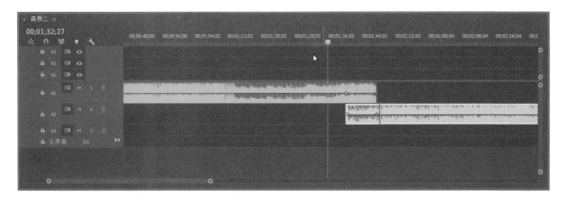

图1-54

04 将"音频一"的第二个关键帧向下拖曳,将"音频二"的第一个关键帧向下拖曳,这样就完成两段音频的衔接,如图 1-55 所示。

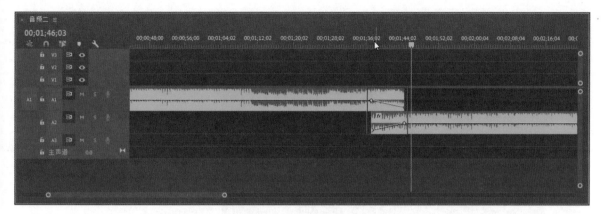

图1-55

知识拓展

- 在使用这两种"音频过渡"方法时,需要把握好音乐的节奏,根据音乐旋律的相似性进行过渡效果会更佳。
- "方法一"中步骤 02 的原理和上一节转场效果相同。
- "方法二"中给音频添加关键帧的方法同样适用于背景音乐的"淡出"和"淡入"。

1.7 视频的升格和降格

电影拍摄的帧速率标准是 24 帧(格)/ 秒,也就是每秒播放的画面数为 24 张,这样播放才能是正常速度的连续性画面,但为了实现一些视频技巧,如慢镜头效果或快镜头效果,有时需要对拍摄帧数进行一些调整。对于慢镜头来说,就要改变正常的拍摄帧数,即高于 24 帧 / 秒,这样才能给后期提供更大的调整空间,完成升格画面;对于快镜头来说,拍摄时没有帧数限制,使用正常画面即可做出降格效果。

1.7.1 升格

升格又称"慢动作镜头",正常电影的帧数为 24 帧 / 秒,在拍摄升格画面的时候一般根据需要会拍摄 48、60、…、120、240 帧 / 秒的画面来达到高帧率的要求,通过这种方式拍摄到的画面再以正常的帧速率(24帧 / 秒)播放出来,就可以得到比实际动作慢的画面效果。

首先查看原视频的属性,导入"升格视频"素材,然后选中"升格视频"素材右键单击,选择"属性"选项,可以看到是该素材为50帧 / 秒的视频,帧数越高调整速度的空间就越大。打开"新建序列"窗口,在"新建序列"窗口中单击"设置"选项栏,将"编辑模式"设置为"自定义","时基"设置为"25.00帧 / 秒","帧大小"的水平设置为"1920",垂直设置为"1080","像素长宽比"设置为"方形像素(1.0)",其他参数保持默认,单击"确定"按钮,如图 1-56 所示。

将50帧/秒的"升格视频"素材拖入25帧/秒的序列中,选中"升格视频"素材右键单击,选择"速度/持续时间"选项,弹出"剪辑速度/持续时间"窗口,设置"速度"参数为50%,其他参数保持默认,单击"确定"按钮,即可完成"升格视频"的设置,如图1-57所示。

图1-56

图1-57

1.7.2 降格

降格又称"快动作镜头",在剪辑时增加视频的播放速度,就可以得到比实际速度快的运动效果。打开"新建序列"窗口,在"新建序列"窗口单击"设置"选项栏,将"编辑模式"设置为"自定义","时基"设置为"25.00帧/秒","帧大小"的水平设置为"1920",垂直设置为"1080","像素长宽比"设置为"方形像素(1.0)",其他参数保持默认,单击"确定"按钮,如图1-58所示。

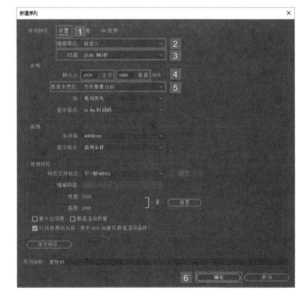

图1-58

将"降格视频"拖入时间轴，选中"降格视频"素材右键单击，选择"速度 / 持续时间"选项，弹出"剪辑速度 / 持续时间"窗口，设置"速度"参数为200%，其他参数保持默认，单击"确定"按钮，即可完成"降格视频"的设置，如图 1-59 所示。

图1-59

1.8 "效果控件"的运用

在给"时间轴"窗口中的素材添加特效之后，可以打开"效果控件"面板来设置各项特效的具体参数，也可以在不添加特效的情况下对视频的位置、大小、角度等参数做一系列调整。

1.8.1 运动

"关键帧"代表的是设置动作效果的关键点，运动的开始标志和结束标志就是用关键帧来标记的。在开头设置一个关键帧，表示动作从这个点开始，在结尾设置一个关键帧，表示动作在这个点结束，每个关键帧的属性要分别设置对应不同的动作效果，下面我们通过制作运动效果的案例来体会关键帧的含义。

● 要点提示：关键帧的含义　　● 在线视频：第 1 章\1.8.1 运动　　● 素材路径：素材 \ 第 1 章\1.8.1
● 应用场景：关键帧运动　　　● 魅力指数：★★★★

在正式开始之前我们首先理解下每个参数的含义，将"船舶""Logo"素材导入素材箱，然后将素材拖至时间轴，选中"Logo"素材，打开"效果控件"面板，打开"运动"效果下拉菜单如图 1-60 所示。

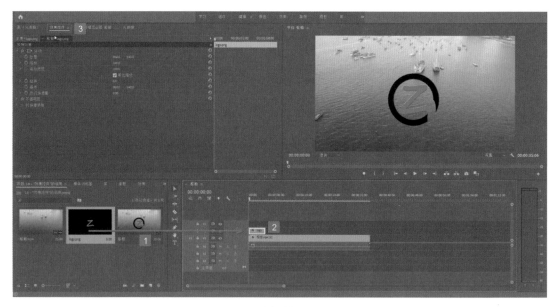

图1-60

　　"位置"中两个数值分别代表的是 x 轴和 y 轴坐标，就是被调整素材在屏幕中显示的位置，参数调整如图1-61所示。

图1-61

　　"缩放"代表的是对所选对象的缩放比例，最小数值为 0，最大数值为 10000.0，参数调整如图 1-62 所示。

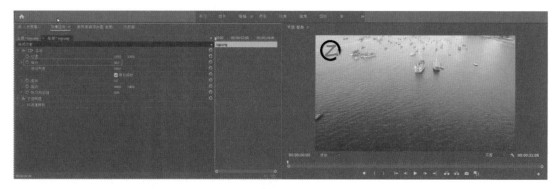

图1-62

“旋转”代表的是对所选对象进行角度的调整，参数设置如图1-63所示。

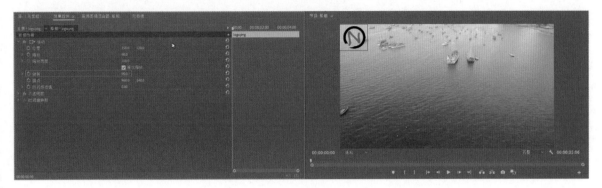

图1-63

“锚点”代表的是运动变化的中心点，包括位置变化、放大和缩小、旋转等。当单击“锚点”时在图像上会显示锚点所在的位置，如图1-64所示。下面进行操作步骤的讲解。

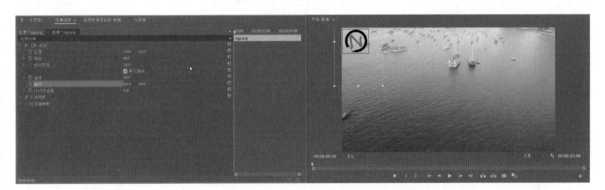

图1-64

01 单击“位置”前的“切换动画”按钮◎，以0秒作为运动效果的起始点，如图1-65所示。

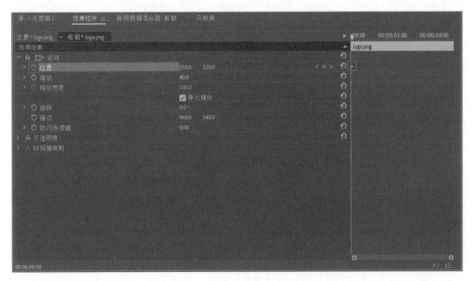

图1-65

02 移动时间针位置至 3 秒处，如图 1-66 所示。

图1-66

03 将 x 轴数值设置为 1780.0，如图 1-67 所示。

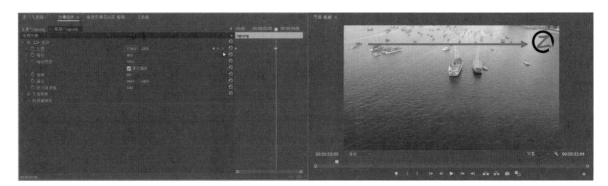

图1-67

这样就完成了关键帧运动的效果设置。

知识拓展

- 下拉列表中的"防闪烁滤镜"代表的是当视频显示在隔行扫描显示器（如许多电视屏幕）上时，图像中的细线和锐利边缘有时会闪烁，通过增加"防闪烁滤镜"的数值可以减少或者消除这种闪烁，随着数值的增加可以消除更多的闪烁但是图像也会变淡。

1.8.2 不透明度

"不透明度"的含义可以理解为当所选对象的不透明度为 100% 时，图像的透明度是 0，也就是不透明。当所选对象的不透明度为 0 时，图像的透明度是 100%，也就是透明，当所选对象的不透明度为 0 时，看似所显示的状态为黑色，其实是带有透明通道的视频，下面我们通过制作画面淡入效果的案例来理解下不透明度的含义。

- 要点提示：不透明度的理解
- 应用场景：画面不透明度调整

- 在线视频：第 1 章\1.8.2 不透明度
- 魅力指数：★ ★ ★

- 素材路径：素材\第 1 章\1.8.2

---

01 将"船舶""岛屿"素材导入素材箱，然后将这两段素材拖至时间轴，如图1-68所示。

图1-68

02 选中"岛屿"素材，打开"效果控件"面板，在"不透明度"效果的下拉菜单中将"不透明度"数值从100%逐渐降为0，可以看到画面会逐渐漏出来"船舶"素材，也就证明上述所说当不透明度为0时，视频素材是带有透明通道的视频，而不是"变黑"。

03 结合上述原理和关键帧的使用即可完成视频的"淡入"和"淡出"。删除"岛屿"素材，选中"船舶"素材，将"不透明度"数值设置为0，移动"时间针"至2秒位置，将"不透明度"数值改为100%，完成视频淡入效果的制作，如图1-69所示。

图1-69

1.8.3　时间重映射

"时间重映射"的应用主要在于灵活改变视频素材的速度，从而做到在单个视频素材中做出慢动作和快动作的切换效果。

- 要点提示：速度关键帧
- 应用场景：变速效果
- 在线视频：第 1 章 \ 1.8.3 时间重映射
- 魅力指数：★★★
- 素材路径：素材 \ 第 1 章 \1.8.3

01 将"滑雪"视频素材导入素材箱，然后将素材拖至时间轴，拖动视频轨道的"边界线"扩大时间轴，如图1-70所示。

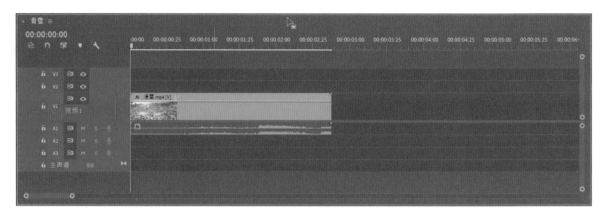

图1-70

02 右键单击 "fx" 图标 ，选择 "时间重映射" → "速度" 选项，如图 1-71 所示。

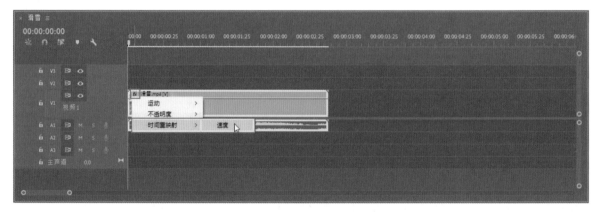

图1-71

03 此时在视频素材中间出现的线代表的就是 "速度线"，按住 Ctrl 键在视频 1 秒的位置单击 "速度线" 添加一个 "速度关键帧"，如图 1-72 所示。

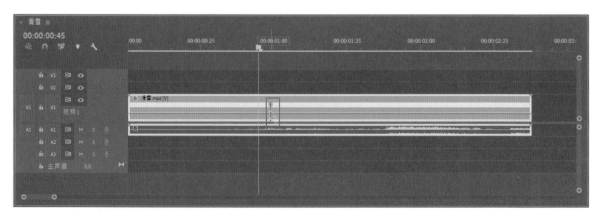

图1-72

04 按住鼠标左键拖动"速度关键帧"后面的"速度线"，将数值调为50%，如图1-73所示。

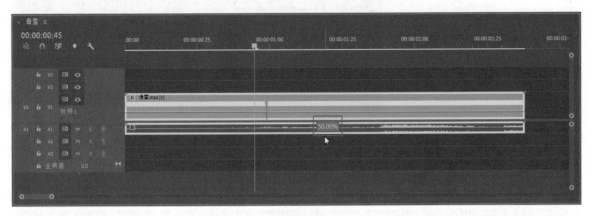

图1-73

05 最终案例效果如图1-74所示。

图1-74

知识拓展

- 关键帧用法步骤：单击"切换动画"
  按钮 🕐 → 移动时间轴上的时间针位
  置 → 改变素材参数。
- 取消"等比缩放"可以分别改变图
  像的长度或者宽度。
- 单击"重置参数"按钮 🔄 可以将数
  值恢复到初始的状态。

1.9 绿幕抠像效果

　　抠像效果是提取通道主要的方式，在拍摄人物或其他前景内容时利用色相的区别，把单色的背景去掉，需要注意的是在抠像的前景物体上不能包含所选用的背景颜色。常用的是蓝背景和绿背景两种，原因在于人皮肤的自然颜色中不包含这两种色彩，这样在抠像时就不会把主体抠掉，下面我们通过一个案例来理解下抠像的含义。

- 要点提示：超级键的使用
- 应用场景：绿幕抠像

- 在线视频：第 1 章 \1.9 绿幕抠像效果
- 魅力指数：★★★★

- 素材路径：素材 \ 第 1 章 \1.9

01 将 "陨石" "星球" 视频素材
导入素材箱，然后将素材拖至时间
轴，"陨石" 素材在 V2 轨道，"星球"
素材在 V1 轨道，如图 1-75 所示。

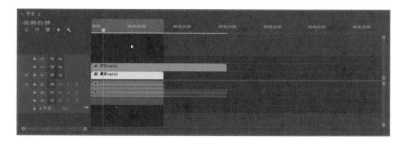

图1-75

02 打开 "效果" 面板，在 "视频效果" 下拉列表中选择 "键控" > "超级键" 效果，然后将其拖至 "陨石" 素材，
如图 1-76 所示。

图1-76

03 在 "效果控件" 面板单击 "超级键" 下拉列表中的 "吸管工具" ，吸取 "陨石" 素材中绿色部分，如图 1-77
所示。

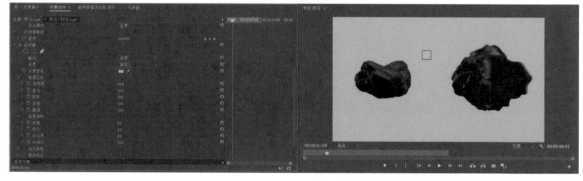

图1-77

04 将 "遮罩生成" 下拉列表中的 "基值" 参数设置
为 60，"遮罩清除" 下拉列表中 "抑制" 参数设置为
22，"柔化" 参数设置为 8，如图 1-78 所示。

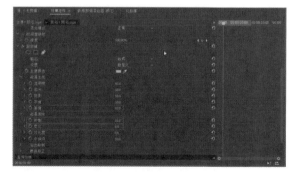

图1-78

05 最终案例效果如图1-79所示。

图1-79

1.10 电影遮幅效果制作

　　"电影遮幅"是一种在保持画面不变形的前提下,拍摄时在摄影机监视器前加一个档框格,遮去原来标准画幅的上下两边,使画面宽高比由标准的 1.33∶1,遮挡成 1.66∶1 至 1.85∶1 的画面比例,由于画幅上下两边都被遮挡住,画面宽高比也就相比之前明显增加,从而得到宽银幕效果,也就是我们常说的"电影遮幅",这一节我们就用相同的原理在 Premiere Pro CC 中制作相同的遮幅效果。

- 要点提示:黑场视频的应用
- 应用场景:宽荧幕、电影感
- 在线视频:第 1 章 \1.10 电影遮幅制作
- 魅力指数:★★★★
- 素材路径:素材 \ 第 1 章 \1.10

01 将"城市"素材导入素材箱,然后将素材拖至时间轴,如图 1-80 所示。

02 单击"新建项"按钮，选择"黑场视频"选项,默认参数设置,添加一个"黑场视频",如图 1-81 所示。

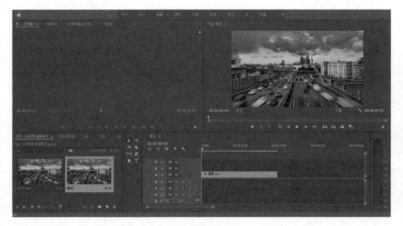

图1-80

图1-81

03 将"黑场视频"拖至 V2 轨道，然后拖曳"黑场视频"右侧边框，使其延长至和"城市"素材时间相同，如图 1-82 所示。

图1-82

04 选中"黑场视频"，在"效果控件"工作区将"运动" > "位置"中代表 y 轴的数值调整为 -330，如图 1-83 所示。

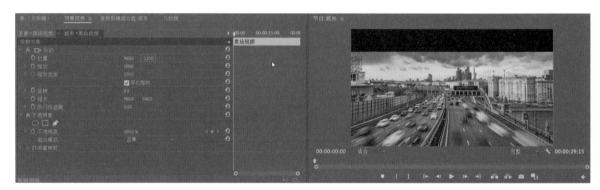

图1-83

05 回到"时间轴"工作区，按住 Alt 键拖动"黑场视频"至 V3 轨道，如图 1-84 所示。

图1-84

06 选中 V3 轨道上的"黑场视频"，在"效果控件"工作区将"运动" > "位置"中代表 y 轴的数值调整为 1420，如图 1-85 所示。

图1-85

07 案例效果如图 1-86 所示。

- 使用"新建项"内的"颜色遮罩"工具或者"视频效果"中的"裁剪"工具也能达到同样的效果。

图1-86

1.11 代理剪辑

　　"代理剪辑"的含义就是当剪辑"高质量视频"素材（如 4K 素材）时由于计算机配置偏低会出现卡顿情况，这时需要将"高质量视频"转换为"低质量视频"后再进行剪辑，剪辑工作完成后再以高质量视频（原视频质量）的形式导出，此操作需要安装 Adobe Media Encoder CC 软件，下面我们演示一下代理剪辑的步骤。

- 要点提示：代理剪辑的操作步骤
- 应用场景：分辨率较大视频
- 在线视频：第 1 章 \1.11 代理剪辑
- 魅力指数：★ ★ ★ ★
- 素材路径：素材 \ 第 1 章 \1.11

01 首先将"4K 素材（一）""4K 素材（二）""4K 素材（三）"视频素材导入素材箱，右键单击"4K 素材（一）"选择"属性"选项查看视频参数，如图 1-87 所示。

02 同时选中"4K 素材（一）""4K 素材（二）""4K 素材（三）"3 段素材，右键单击选择"代理"→"创建代理"选项，如图 1-88 所示。

图1-87

03 弹出"代理剪辑"窗口，将"格式"设置为 H.264，"预设"设置为 1280×720 H.264，"目标"选择"在原始媒体旁边，代理文件夹中"，设置完成后单击"确定"按钮，如图 1-89 所示。

图1-88　　　　　　　　　　　　　　　　　　　　　　　　　图1-89

04 单击"确定"按钮之后会自动打开 Adobe Media Encoder CC 软件，并且根据"步骤03"设置的参数自动进行转码，如图 1-90 所示。

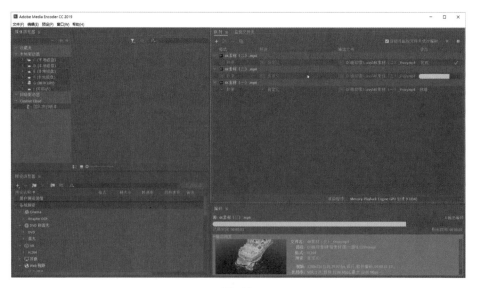

图1-90

05 转码完成后回到"素材箱"工作区，再次同时选中"4K 素材（一）""4K 素材（二）""4K 素材（三）"3 段素材单击右键，选择"代理"→"连接代理"选项，弹出"连接代理"窗口，单击"附加"按钮，然后选中第一个视频素材单击"确定"按钮，如图 1-91 所示。

06 选中"4K 素材（一）""4K 素材（二）""4K 素材（三）"素材并拖至"时间轴"工作区，然后在"节目窗口"工作区单击"按钮编辑器"，将"切换代理"按钮█拖曳至下方"快捷栏"中，如图 1-92 所示。

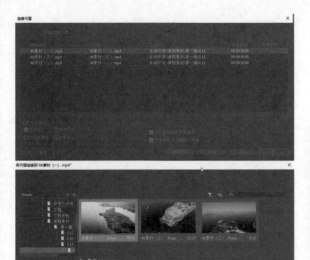

图1-91

图1-92

07 在剪辑时单击"切换代理"按钮■，如图 1-93 所示。

图1-93

08 剪辑工作完成后，再次单击"切换代理"按钮■，将其恢复至初始状态，执行"文件"→"导出"→"媒体"→"队列"命令，来到 Adobe Media Encoder CC 软件窗口，设置导出位置，单击"开始"按钮，导出完成即可，如图 1-94 所示。

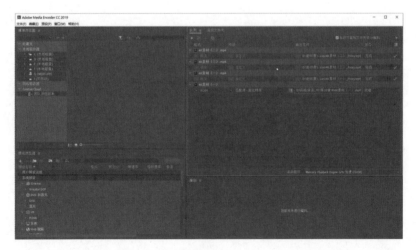

图1-94

> **知识拓展**
> ● 在调色时建议使用原素材进行调整。
> ● Premiere 和 Media Encoder 必须在同一版本的前提下才能连接。

第 **2** 章

短视频版面设置和必会技巧

通过第 1 章的学习，我们掌握了 Premiere Pro CC 的剪辑流程和常用工具的使用方法，本章将以第 1 章的内容为基础，讲解如何用 Premiere Pro CC 来制作短视频，主要内容包括 3 种经典的竖屏排版形式和短视频的热门玩法，以及在剪辑完成之后正确输出高清视频和上传到短视频平台的方法。

2.1 首选项设置

Premiere Pro CC 是一个自定义强度比较高的软件，用户可以根据自己的习惯自定义更改其外观或者行为设置，本节主要讲解在剪辑之前需要做哪些准备工作，下面介绍下"首选项"面板及其中主要选项含义。

首先执行"编辑"→"首选项"→"外观"命令，打开"首选项"面板，在这个面板内可以调整操作界面的亮度、交互控件的亮度和焦点指示器的亮度，如图 2-1 所示。

"自动保存"选项中包括"自动保存时间间隔"和"最大项目版本"。"自动保存时间间隔"的含义是自动保存项目，需要输入两次保存之间间隔的分钟数。"最大项目版本"的含义是输入要保存的项目文件的版本数，例如，如果输入 20，Premiere Pro 将保存 20 个最近的版本。

默认情况下 Premiere Pro CC 会每 15 分钟自动保存一次项目，并将项目文件的 20 个最近项目保留在硬盘上，如果剪辑的内容比较重要且步骤复杂，建议缩短保存时间间隔，如图 2-2 所示。

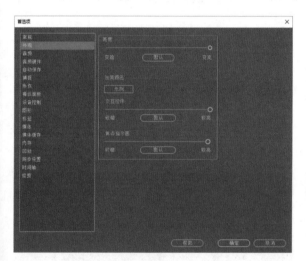

图2-1

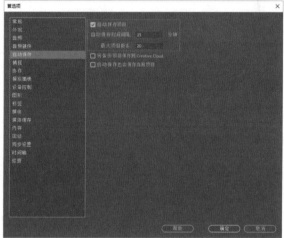

图2-2

"媒体缓存"选项，创建媒体缓存文件是为了显示音频波形和改进某些媒体类型的播放。定期清理旧的或未使用的媒体缓存文件有助于保持计算机最佳性能。每当源媒体需要缓存时，都会重新创建已删除的缓存文件。单击"浏览"并导航至所需的文件夹位置，可以更改媒体缓存文件的位置。如果需要删除未使用的媒体缓存文件，可以单击"删除未使用项"。还可以根据媒体缓存管理设置自动删除选项，如图 2-3 所示。

"内存"选项，当我们渲染视频序列（例如，包含高分辨率源视频或静止图像的序列）时需要大量内存来同时渲染多个帧。如果运算量过大可能会强制 Premiere Pro CC 取消渲染并发出"低内存警告"警报。在出现这些情况时，可以将"优化渲染为"由"性能"更改为"内存"选项，最大限度地提高可用内存。当渲染后不再需要内存优化时，再改回"性能"选项即可，如图 2-4 所示。

图2-3

图2-4

2.2 竖屏视频序列设置

在短视频剪辑之前，需要先确定视频的序列，目前，手机平台上视频的播放形式多以竖屏序列为主，下面我们就演示一下如何创建竖屏序列。

首先打开"新建项"单击"序列"，弹出"新建序列"窗口，将"编辑模式"设置为"自定义"，"时基"设置为"25.00 帧 / 秒"，"帧大小"水平设置为"1080 "、垂直设置为"1920"，"像素长宽比"设置为"方形像素（1.0）"，其他参数保持默认单击"确定"按钮，如图 2-5 所示。

图2-5

然后将"栈桥日落"素材放入时间轴，最终序列效果如图 2-6 所示。

图2-6

2.3 如何匹配视频画面

在很多情况下我们设置好了序列，但是由于视频素材或者图片素材尺寸不同而不能正好吻合预先设置的序列，这时要通过对画面进行调整来匹配序列。

首先新建一个高清的竖屏序列，打开"新建序列"窗口将"编辑模式"设置为"自定义"，"时基"设置为"25.00帧/秒"，"帧大小"水平设置为"1080"、垂直设置为"1920"，"像素长宽比"设置为"方形像素（1.0）"，设置完成后导入"商场"素材，如图 2-7 所示。

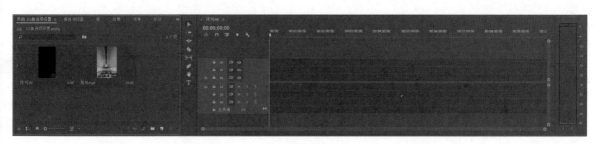

图2-7

将"商场"素材拖至时间轴，这时弹出"剪辑不匹配警告"窗口，然后单击"保持现有设置"按钮，这时可以看到"商场"素材并未覆盖整个画面，如图 2-8 所示。

图2-8

　　像这种情况在剪辑中是经常遇到的，这时我们可以选中时间轴上的"商场"素材，然后在"效果控件"窗口中，调整"运动"＞"缩放"参数为179.0，通过损失一定的画面内容达到与视频序列的匹配，如图2-9所示。

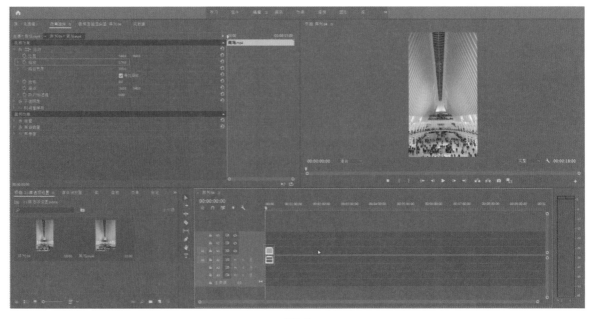

图2-9

下面我们再讲解另外一种情况，导入"晚霞"素材并拖至时间轴，该视频由于方向问题也没有完全覆盖整个画面，如图 2-10 所示。

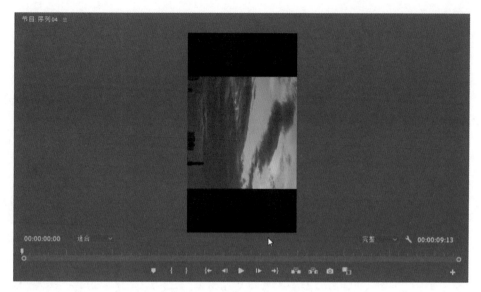

图2-10

这种情况我们需要调整一下视频的角度，选中视频找到"效果控件"面板，将"运动" > "旋转"数值设置为 -90.0，调整完成后的画面如图 2-11 所示。

图2-11

知识拓展

● "效果控件"中的参数都不是固定的，需要根据实际情况来调整。

● 放大画面时理论上来说不要超过原画面的 25%，这样对视频画质的影响相对较小。

2.4 上下模糊、三屏视频制作

本节我们讲一种比较热门的短视频排版，上下模糊中间是内容的形式，而且模糊的部分和内容部分的播放是同步的。

- 要点提示：模糊效果的应用
- 在线视频：第 2 章 \2.4 上下模糊、三屏视频制作
- 素材路径：素材 \ 第 2 章 \2.4
- 应用场景：短视频竖屏排版
- 魅力指数：★ ★ ★ ★

01 将 "蓝天白云" 视频素材导入素材箱，新建一个竖屏高清序列并将素材拖至时间轴，如图 2-12 所示。

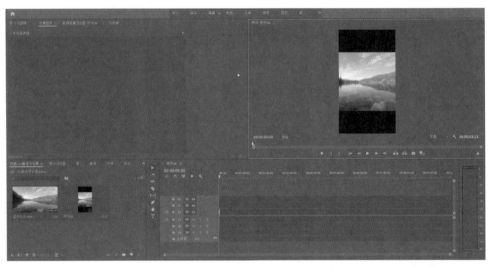

图2-12

02 在时间轴选中 "蓝天白云" 素材，打开 "效果控件" 面板将 "运动" > "缩放" 参数调整为 65.0，如图 2-13 所示。

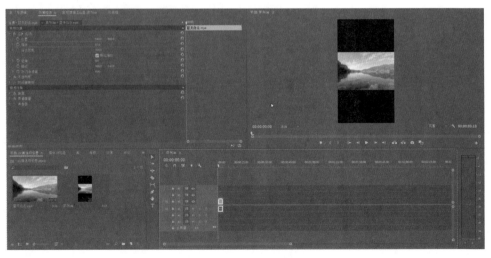

图2-13

03 复制"蓝天白云"素材，按住 Alt 键，按住鼠标左键向上拖曳素材，如图 2-14 所示。

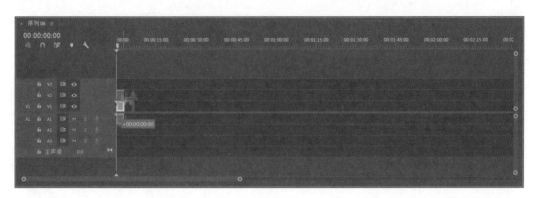

图2-14

04 选中 V1 轨道上的"蓝天白云"素材，在"效果控件"面板中将"运动">"缩放"参数设置为180.0，如图2-15所示。

图2-15

05 打开"效果"面板，在"视频效果"下拉列表中选择"模糊与锐化">"高斯模糊"效果，然后将其拖至 V1 轨道上的"蓝天白云"素材，如图 2-16 所示。

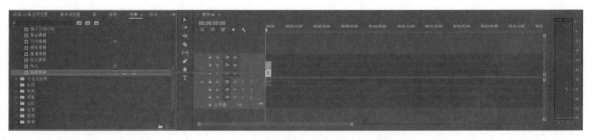

图2-16

06 选中 V1 轨道上的"蓝天白云"素材，在"效果控件"中将"高斯模糊"效果中的"模糊度"数值设置为 40.0，如图 2-17 所示。

07 最终效果如图 2-18 所示。

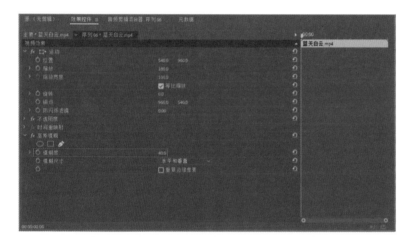

图2-17

图2-18

知识拓展

- 以上所有数值都不是固定的，需要根据画面的实际情况调整。
- "模糊尺寸"可以更改模糊的方向，有"水平"和"垂直"两个选项。

2.5 短视频封面制作

　　封面是视频的门面就像新闻的标题一样，新闻标题在一定程度上决定其关注度和点击量，同样视频封面的好坏也决定着观众是否会对视频内容感兴趣，本节我们就来讲解封面制作的技巧。

　　一般来说，搞笑类型视频的封面多以拼接为主，也就是几张截图拼在一起，最后打上文字，下面我们讲一下如何让拼接画面具有过渡性。首先将"健身""泳池"两张图片导入"素材箱"，并且新建一个高清竖屏序列，然后将素材拖至时间轴，如图 2-19 所示。

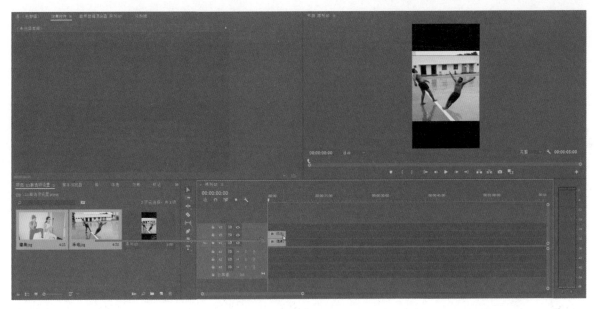

图2-19

　　调整"泳池"素材的位置和大小，打开"效果控件"面板，将"运动" > "位置"中代表 x 轴的参数调整为 660.0，代表 y 轴参数调整为 605.0，"缩放"参数调整为 115.0，如图 2-20 所示。

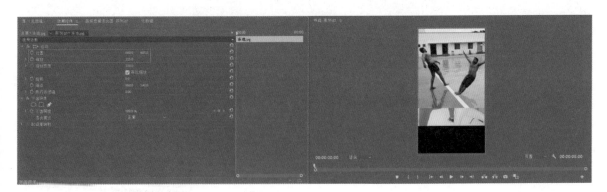

图2-20

　　调整"健身"素材的位置和大小，打开"效果控件"面板，将"运动" > "位置"中代表 x 轴的参数调整为 540.0，代表 y 轴参数调整为 1500.0，"缩放"参数调整为 90.0，如图 2-21 所示。

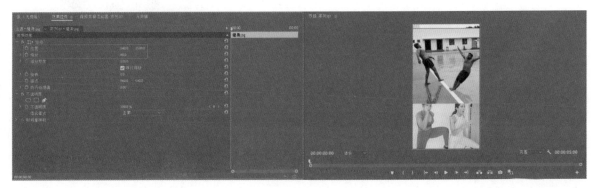

图2-21

在"效果控件"面板的"不透明度"选项下单击"创建 4 点多边形蒙版"按钮▣，如图 2-22 所示。

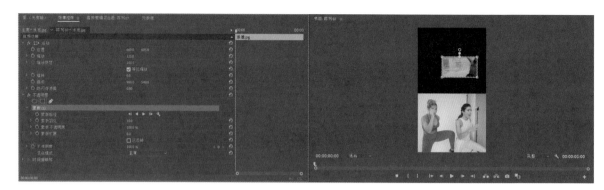

图2-22

将"蒙版羽化"参数调整为 50.0，然后调整蒙版边框，扩大蒙版范围，如图 2-23 所示。

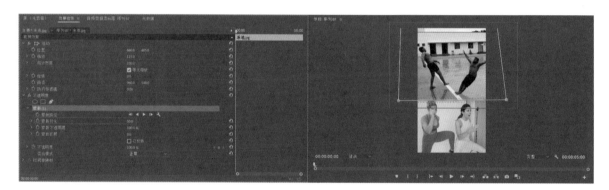

图2-23

最终效果如图 2-24 所示。

知识拓展

- 蒙版的范围可根据实际情况调整。
- 同一画面内蒙版未选中的部分为透明通道。

图2-24

2.6 短视频封面如何添加

当封面制作完成之后需要添加到视频中，便于视频在上传平台后选择合适画面作为封面。一般封面的时长为 1 秒，并且放在整个视频最前面，将"运动""栈桥日落"素材导入时间轴，将时间针放置在 1 秒的位置，并拖曳"运动"素材与时间针对齐，调整该素材播放时间如图 2-25 所示。

图2-25

将"栈桥日落"素材与"运动"素材对齐即可，最终调整如图 2-26 所示。

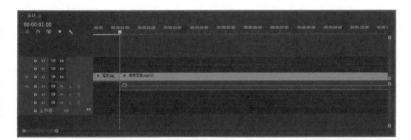

图2-26

知识拓展

- 将封面放在最前的意义在于不破坏视频的完整性，并且在平台作品栏可以清楚看到作品标题方便用户选择性观看。

2.7 故事类短视频剪辑要点

在剪辑故事类型的视频时，"剪辑点"的把握是非常重要的一个环节，故事类短视频在制作的情况下通常不是一个镜头从头跟到尾的，这样会引起视觉疲劳，而是用多角度不同景别的镜头组接在一块，通过一组镜头来完成一个动作的演绎，而镜头切换的位置就称为"剪辑点"，举例说明：如果小明在一条小路上行走，我们分别拍摄了他的腿部和脚的特写，在行走的过程中两段视频的"剪辑点"就在腿抬起落下脚的一瞬间。本节就通过案例的形式来讲解"剪辑点"的含义。

- 要点提示：理解"剪辑点"
- 应用场景：故事类短视频剪辑
- 在线视频：第 2 章 \2.7 故事类短视频剪辑要点
- 魅力指数：★★★★
- 素材路径：素材 \ 第 2 章 \2.7

01 将素材"荡秋千（一）""荡千秋（二）"导入"素材箱"，并拖至时间轴，预览素材"荡秋千（一）"，找到秋千的最高点的位置，将时间针移至此处，并且将时间针后面的素材删掉，如图 2-27 所示。

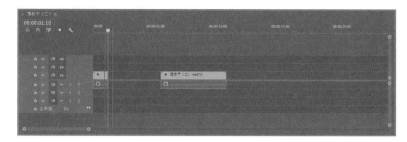

图2-27

02 预览"荡千秋（二）"素材，找到跟"荡千秋（一）"素材截断位置的相同动作，也就是秋千刚要下降的位置，将时间针前面的素材删掉，如图 2-28 所示。

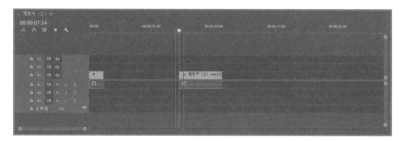

图2-28

03 对齐两段视频素材，使两段视频衔接，完成整个动作的剪辑，如图 2-29 所示。

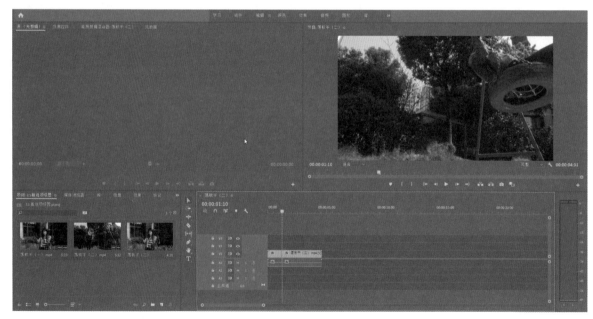

图2-29

知识拓展

• 除了上述的动作剪辑点，常见的剪辑点还有：情绪剪辑点、节奏剪辑点、对列衔接剪辑点等。

2.8 人物表情放大效果制作

在视频中人物表情或者身体的某个部位瞬间放大,是常见的一种表现形式,多用于"搞怪神情""突出人物"的视频中。

- 要点提示:"放大"效果运用
- 在线视频:第 2 章\2.8 人物表情放大效果制作
- 素材路径:素材 \ 第 2 章\2.8
- 应用场景:突出人物
- 魅力指数:★★★★

01 将"游乐场"视频素材导入素材箱,并将素材拖至时间轴,然后将需要放大的部分单独剪断,如图 2-30 所示。

图2-30

02 打开"效果"面板,在"视频效果"下拉列表中选择"扭曲">"放大"效果,然后将其拖至单独剪断的素材段落,如图 2-31 所示。

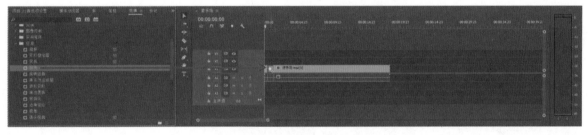

图2-31

03 单独选中剪断的素材段落,在"效果控件"面板调整"放大"效果中的参数,将"中央"参数调整为 485.0 222.0,"放大率"参数调整为 160.0,"大小"参数调整为 185.0,"羽化"参数调整为 20.0,如图 2-32 所示。

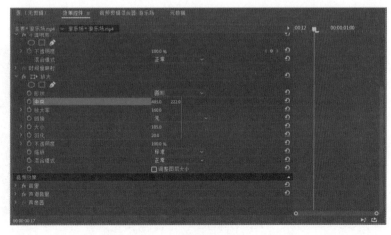

图2-32

04 最终效果如图 2-33 所示。

图2-33

2.9 一人饰两个角色

　　一人饰两个角色的意思是让同一个人以"两个人"或者"多个人"的形式同时出现在一个视频画面中，主要用于创意性剧情和搞笑娱乐视频，例如，"自己和自己对话""分身术""瞬移术"等，制作的原理是：背景保持不变，人物在固定画面的不同位置出现，然后通过画蒙版的方式保留人物的部分。拍摄和制作的流程是：在拍摄时固定相机的位置，拍摄背景要是静态的或者是运动比较缓慢的物体，然后人物在画面中不同的位置做出不同的动作和表情、产生不同的对话等。

- ● 要点提示：蒙版的含义
- ● 应用场景："分身术"效果
- ● 在线视频：第 2 章 \2.9 一人饰两个角色
- ● 魅力指数：★ ★ ★ ★
- ● 素材路径：素材 \ 第 2 章 \2.9

01 将"射击（一）""射击（二）"视频素材导入素材箱，然后将素材拖至时间轴，"射击（一）"在 V1 轨道，"射击（二）"在 V2 轨道，如图 2-34 所示。

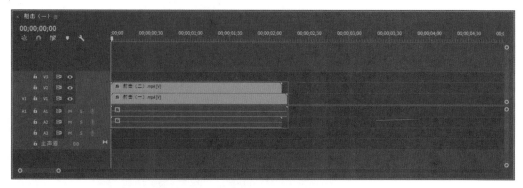

图2-34

02 通过单击"切换轨道输出"按钮 ◎ 可以切换预览视频的轨道，对比两段素材的区别。下面给"射击（二）"素材画蒙版，只将人物的部分保留。在时间轴中选中"射击（二）"素材，打开"效果控件"面板，单击"不透明度"下的"自由绘制贝赛尔曲线"按钮 ✏，在"射击（二）"素材上将人物的大概轮廓画出来，将"蒙版羽化"调整为 50.0，如图 2-35 所示。

图2-35

03 这样就完成了一人饰两个角色的效果，最终效果如图 2-36 所示。

知识拓展

· 在室外拍摄时要注意自然光线问题，拍摄时间不宜过长，避免前后差别过于明显。

图2-36

2.10 给视频添加配音

在剪辑宣传片、纪录片、情感语录等视频时，配音是不可缺少的一部分。本节我们讲的是如何用Premiere Pro CC 直接在软件内为视频配音，相比于非专业录音软件更加方便，可以直接在软件内根据视频内容进行声画对位。

在录制配音之前需要先对音频选项进行设置，为了在录制时避免回声，在菜单栏内执行"编辑">"首选项">"音频"命令，弹出图2-37所示的窗口。

图2-37

勾选"时间轴录制期间静音输入"，完成后关闭"首选项"窗口，如图2-38所示。

导入一段素材作为配音的视频内容，将"语录"视频素材导入素材箱，然后将素材拖至时间轴，单击A2轨道的"画外音录制"按钮，此时在节目预览窗出现3、2、1录音倒计时，随后在屏幕底部出现"正在录制"即可开始配音，如图2-39所示。

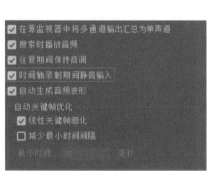

图2-38

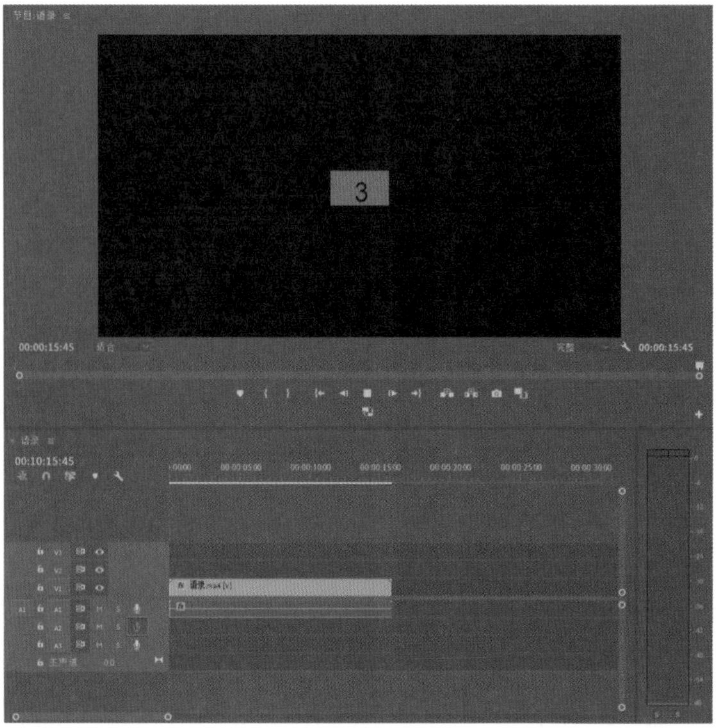

图2-39

在配音时可以根据剪辑好的视频内容进行声画同步配音，在声音录制完成后按空格键即可停止录制，如图2-40 所示。

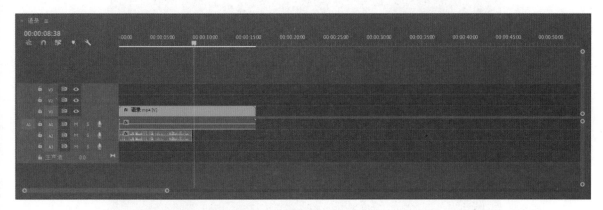

图2-40

2.11 视频边框制作

在视频剪辑完成之后我们需要做一个整体的包装来优化播放界面，提高视频的观看体验。

我们就以高清横屏视频为例为视频做一个边框，首先将"语录"素材导入素材箱，然后拖至时间轴并放至V2 轨道，如图 2-41 所示。

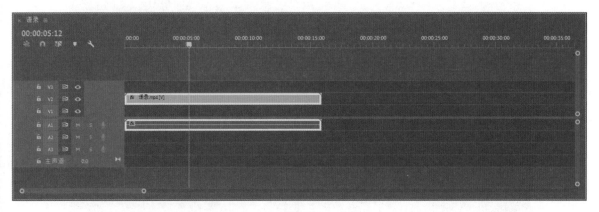

图2-41

接下来，使用"旧版标题"给视频做一个背景，选择"矩形工具"将整个屏幕覆盖，如图 2-42 所示。

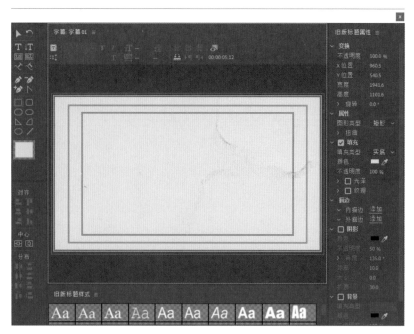

图2-42

　　然后调整矩形背景的颜色，将"填充类型"设置为"线性渐变"，接着设置渐变两端的颜色，分别为"紫色"和"蓝色"，最后将"角度"参数调整为330.0°，设置完成后关闭窗口，如图2-43所示。

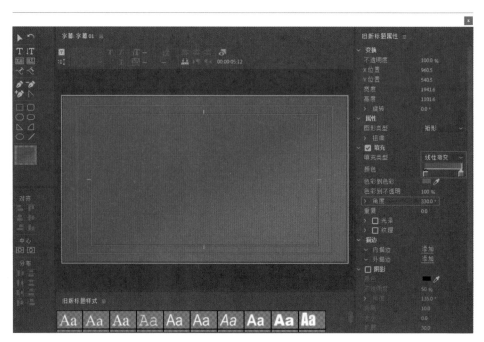

图2-43

　　将设置好的背景素材拖至V1轨道中作为"语录"素材的边框背景，然后选中"语录"素材在"效果控件"面板将"运动">"缩放"参数调整为95.0，如图2-44所示。

图2-44

由于平行和垂直边框的宽度不同，需要添加"裁剪"效果进行调整，打开"效果"面板，在"视频效果"下拉列表中选择"变换">"裁剪"效果，然后将其拖至"语录"素材，如图 2-45 所示。

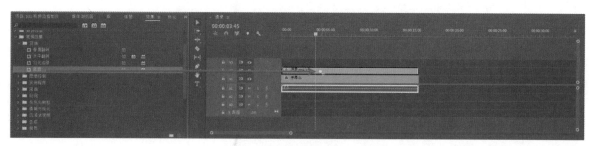

图2-45

添加完"裁剪"效果之后需要将顶部和底部的内容裁剪一部分，让上下边框与左右两侧边框宽度相同，在"裁剪"效果下将"顶部"和"底部"参数都调整为 2%，如图 2-46 所示。

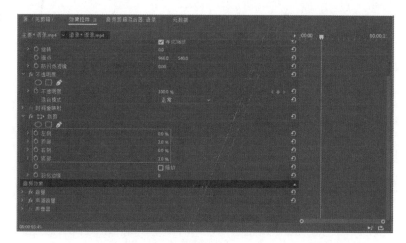

图2-46

最终效果如图 2-47 所示。

图2-47

2.12 导出和上传高清视频

　　所有内容都剪辑完成以后就要对视频进行导出设置和上传平台的操作，短视频的导出设置不同于正常视频的导出设置，并不是参数设置得越高越好，因为每个短视频平台都会对视频占用内存的大小有限制，如果视频占用内存过大，在上传平台时压缩的程度就越大，这样就得不偿失了，所以调整一个适当范围的导出设置非常重要。

　　由于短视频平台对视频内存的限制，在 Premiere Pro CC 中设置较高的输出参数导出，上传后并不一定能得到最佳的画质效果，所以在视频制作和导出时要注意以下两点：

　　第一，视频时长问题，由于各个短视频平台的时长限制不同和个人账号的权限不同，在开始制作视频时要策划好整个视频的时长，避免上传时长超限导致播放不完整的情况；

　　第二，视频内存问题，由于短视频时长较短，短视频所占内存一般以存储单位 MB 来衡量视频内存的大小，如果视频所占内存过大而短视频平台又要满足播放时的内存要求，就会对视频进行大幅度压缩以达到播放要求，而这一过程必然会对视频画质造成影响。

　　下面对不同的输出设置进行对比，首先导入"小狗"素材并拖至时间轴，这里只做输出设置对比，不做任何剪辑，直接导出，执行"文件"→"导出"→"媒体"命令，如图 2-48 所示。

在"导出设置"窗口可以看到"估计文件大小"为114MB，这里的文件大小就是前面所述的占用内存大小，这个内存大小对于短视频来说是比较大的，这时需要修改比特率降低视频内存，将"预设"选项由"匹配源－高比特率"改为"匹配源－中比特率"，此时"估计文件大小"为35MB，我们要做的就是在保证画质的情况下降低视频占用的内存，如图2-49所示。

图2-48

图2-49

如果视频所占用的内存比较大，通过调整为中比特率还是无法达到相应内存要求，还可以自定义比特率，在比特率自定义栏中将"目标比特率"和"最大比特率"再次调整，我们将"目标比特率"改为2，"最大比特率"改为4，此时"估计文件大小"为24MB，在这里需要注意比特率数值的高低和最终输出成片的视频画质及容量成正比，即比特率越高视频越清晰，容量也就越大。

知识拓展

- 内存的换算单位：1GB=1024MB 1MB=1024KB 1KB=1024Byte。
- 短视频制作中不是比特率越高越好，上传的平台和播放硬件决定视频质量的高低。

第 **3** 章

基础字幕讲解

字幕在视频制作中是不可缺少的一部分，在内容表现形式上占有重要地位，可以让观众更清晰地理解视频内容。本章讲解字幕的制作和使用，讲解 5 种常用基础字幕的添加方法和灵活运用技巧，最后结合 Photoshop 软件详细讲解如何批量添加字幕。

3.1 制作字幕的 5 种方法——基础字幕工具

本节开始学习字幕的 5 种制作方法，分别是：文本工具、旧版标题、开放式字幕、基本图形编辑、基本图形模板，通过对这 5 种制作方法的学习来掌握视频中基础字幕的参数设置和添加技巧。

3.1.1 文本工具

"文本工具"是在 Premiere Pro CC 2017.1.2 版本时新添加的一种文字工具，与其他文字工具相比"文本工具"的字体是以英文状态显示的，下面我们通过一段文字的调整来理解下"文本工具"中主要工具的使用。先将"情侣"素材导入时间轴，单击"文本工具"按钮，然后再单击素材画面的任意位置，输入文字"浪漫之旅"和"langmanzhilü"，如图 3-1 所示。

图3-1

输入完文字以后对字体参数进行调整，从而让读者理解各项工具的使用方法，调整之前首先在时间轴上选中"文字素材"，然后打开"效果控件"面板，在"文本"选项下面第一个参数就是字体的选择，在这里我们选择"SimHei"即意思是"黑体"，在字体选择框下面的选项是"字号"，在这里显示的是"Regular"，意思是"常规字体"，在"字号"的右边是"字体大小"调整，将"字体大小"调整为90，然后单击"居中对齐文本"按钮█，如图 3-2 所示。

图3-2

下面开始调整文字之间的位置关系,图标是"字距调整"的含义,在后面输入数值调整文字左右两边的距离,我们将数值设置为35;图标是"行距"的含义,在后面输入数值调整文字上下之间的距离,我们将数值设置为10,如图3-3所示。

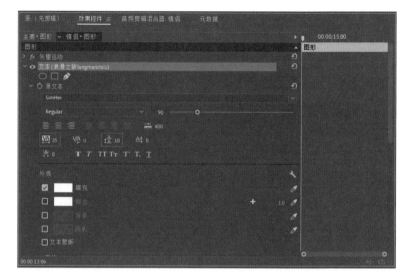

图3-3

确定好文字的间距后,下面对文字外观进行调整,文字的外观主要分为:颜色填充、描边、阴影3个属性。首先将"填充"设置为红色,然后勾选"阴影",将弹出参数调节选项,第一个按钮为阴影的不透明度,将参数调整为65%,第二个按钮为阴影的角度,将参数调整为5×120°,第三个按钮为阴影距离文字的距离,将参数调整为15.0,第四个按钮为阴影的扩散大小,将参数调整为5.0,第五个按钮为阴影的模糊度,将参数设置为8,如图3-4所示。

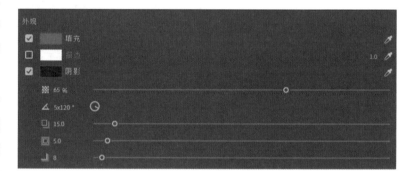

图3-4

接下来调整文字整体的位置,将"变换"选项下的"位置"参数调整为650.0 500.0,如图3-5所示。

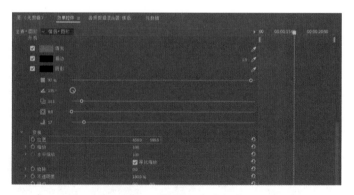

图3-5

相关链接

"变换"选项的参数含义和"效果控件"面板内参数含义相同,请参照"1.8.1 运动"中的内容。

设置完成后，可根据需要在"时间轴工作区"移动字幕素材的位置，最终效果如图 3-6 所示。

图3-6

3.1.2 旧版标题

在"1.4 字幕的添加方法"中讲了通过"旧版标题"添加字幕的流程和参数的设置，本节主要讲解的是"旧版标题"窗口内工具栏的作用和常用工具的操作演示。

在窗口左上角的工具栏中包含文字的输入、移动、路径和创建图形工具，首先我们输入文字做演示，单击"文字工具"按钮 T，输入"浪漫之旅"4 个文字，然后全选文字将字体改为"黑体"，如图 3-7 所示。

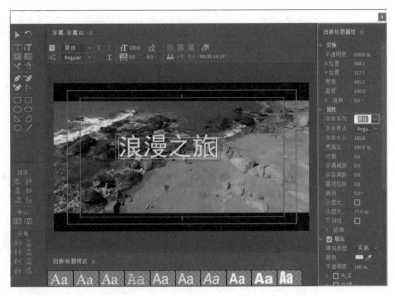

图3-7

在输入时还可以让文字按照特定的路径来排列，也就是应用"路径文字工具"，单击"路径文字工具"按钮在视频画面内画出一个波浪号的路径，画完路径之后再次单击"路径文字工具"按钮，然后输入"langmanzhilü"，如图3-8所示。

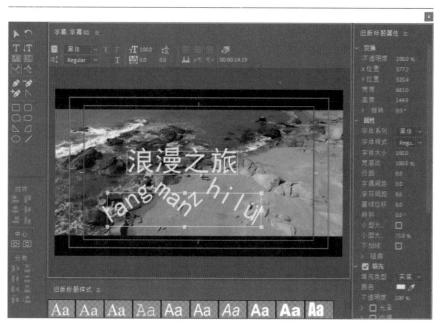

图3-8

接下来是形状工具的使用，添加形状的工具有自定义形状的钢笔工具和规范的几何图形，下面我们用"矩形工具"在两部分文字之间画一条线，单击"矩形工具"按钮，然后将鼠标指针移至视频画面内画出一个矩形，如图3-9所示。

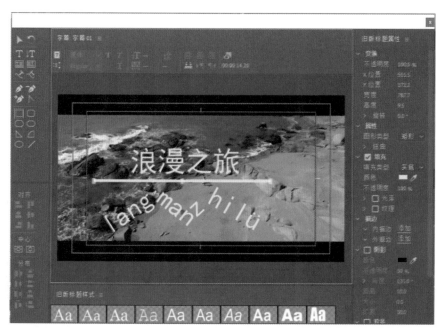

图3-9

在窗口的右侧为字体进行参数的设置，如变换、属性、填充、描边等。我们从变换开始依次讲解，"变换"选项的参数与"效果控件"面板内的参数相同，这里的宽度和高度可以理解为字体在垂直和水平方向的缩放。"属性"选项的参数主要调整的是文字的文本属性，如字体、大小、间距等，下面我们将拼音文本部分的内容缩小，单击"选择工具"选中拼音文本内容将"字体大小"设置为60.0，将"字符间距"设置为20.0，如图3-10所示。

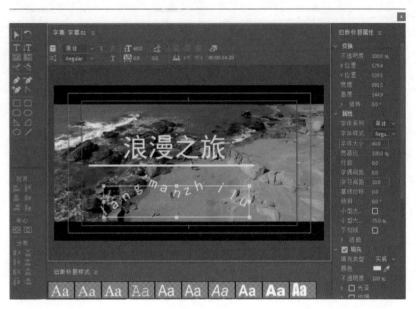

图3-10

"填充"选项的作用是改变输入文本内容的颜色，操作方法是选中需要调整颜色的内容，然后选择所需颜色即可，在这里我们选中文字之间的矩形将颜色改为"橘色"，如图3-11所示。

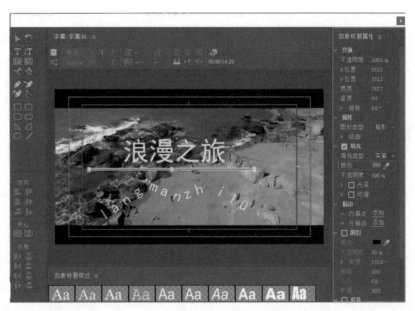

图3-11

在"填充类型"选项内除了选择统一颜色外还可以选择渐变样式的颜色，单击"选择工具"选中浪漫之旅文本，然后单击"填充类型"后面的下拉箭头，选择"线性渐变"选项，将"线性渐变"前面的颜色滑块调整为"蓝色"，将后面的颜色滑块调整为"紫色"，"角度"设置为300.0°，如图3-12所示。

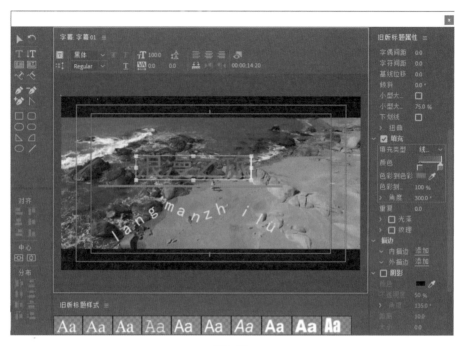

图3-12

最后将拼音文本部分的内容也按照"线性渐变"的方式调整，如图3-13所示。

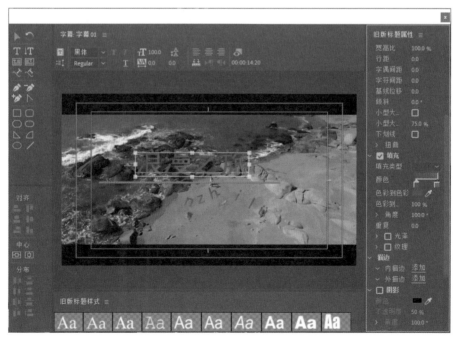

图3-13

字幕内容全部调整完之后关闭"旧版标题"窗口,在"素材箱"中找到字幕素材,然后拖至时间轴,根据视频的实际情况移动字幕的位置即可,如图 3-14 所示。

图3-14

当字幕添加完成以后如果我们需要新建下一条字幕,下一条字幕的要求是和第一条字幕的字体属性全部一样只改变内容,这里可以用一个快捷方式,双击刚添加的字幕素材打开"旧版标题"窗口,在视频上面的工具栏单击"基于当前字幕新建字幕"按钮 ,弹出"新建字幕"窗口单击"确定"按钮,如图 3-15 所示。

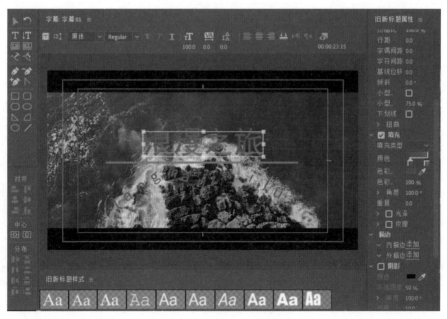

图3-15

关闭字幕窗口，然后将新建好的字幕素材拖至时间轴，如图 3-16 所示。

图3-16

双击第二条字幕素材打开"旧版标题"窗口，将原有的内容删掉，输入"海滩之恋"和"haitanzhilian"，这样第二条字幕就继承了第一条字幕的所有属性，最终效果如图 3-17 所示。

图3-17

知识拓展

● 全选的快捷键是 Ctrl+A。

3.1.3 开放式字幕

开放式字幕的使用方式比较适用于短视频、Vlog、电影和电视剧字幕的输入，下面我们来讲一下它的具体操作步骤。先将"沙滩"素材导入时间轴，执行"文件"→"新建"→"字幕"命令，弹出"新建字幕"窗口，在"标准"选项中选择"开放式字幕"，单击"确定"按钮，如图 3-18 所示。

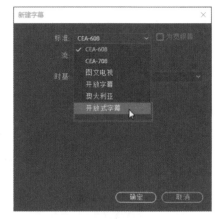

图3-18

新建完毕后将字幕拖入 V2 轨道，然后在时间轴双击字幕素材，来到字幕设置窗口，如图 3-19 所示。

图3-19

开始输入文字，在"在此处键入字幕文本"的位置输入文字"黎明前的黑暗渐渐退去"，如图 3-20 所示。

开始调整字幕的各个属性，将其调整到合适的状态，选择字体为"黑体"，字体"大小"参数调整为 45，排布方式选择"居中对齐"，将字体背景的"不透明度"参数调整为 0，"打开位置字幕块" ▦ 设置为"下居中"，最终设置如图 3-21 所示。

图3-20

图3-21

相关链接

调整工具的参数介绍请参照"3.1.1 文本工具"中的内容。

设置完成后的字体效果，如图 3-22 所示。

图3-22

下面我们开始输入与第一条字幕相同属性的第二条字幕，单击添加字幕按钮  后会自动弹出下一条字幕的输入窗口，输入文字"海天之间透着一抹亮光"，如图 3-23 所示。

图3-23

输入完成后可以发现字幕并未在画面中显示，这时按键盘中 + 键放大时间轴，将字幕素材延长，如图 3-24 所示。

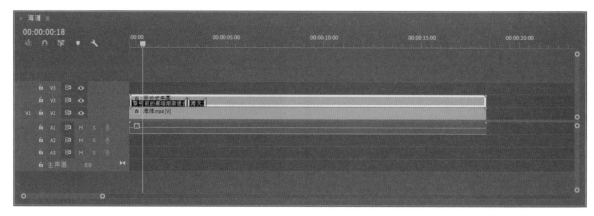

图3-24

通过时间轴窗口可以看到所有新建的字幕均在一条素材内依次排列在视频轨道中，如果需要调整字幕出现的位置，用鼠标拖动文字内容两端的"小滑块"即可，如图 3-25 所示。

这样就完成了相同属性字幕的添加。

图3-25

3.1.4　基本图形编辑

基本图形编辑是 Premiere Pro CC 2018 版本中新添加的功能，之前的字幕添加方式主要以设置文字参数为主，在文字和图形搭配上有一定欠缺，基本图形编辑功能很好地解决了这一问题，下面我们具体讲一下文字结合图形的用法。先将"海滩"素材拖至时间轴，将工作区面板切换为"图形"面板，然后选择"编辑"选项，如图 3-26 所示。

图3-26

在"编辑"选项中单击"新建图层"按钮，选择"文本"选项，打开文本设置界面，如图 3-27 所示。

图3-27

单击"文字工具"按钮 T ，选中"新建文本图层"文字并删掉，输入文字"碧海蓝天"，然后在"文本"选项中选择字体"SimHei"（黑体），如图 3-28 所示。

图3-28

在"对齐并变换"选项中调整文字的位置，将代表 x 轴的参数调整为 120.0，将代表 y 轴的参数调整为 650.0，其他参数保持默认，如图 3-29 所示。

图3-29

字体设置完之后我们来制作文字的背景层，单击"新建图层"按钮 选择"矩形"，在"外观"选项下将"填充"颜色改为"红色"，然后将"形状 01"图层拖曳至"碧海蓝天"图层下面，如图 3-30 所示。

图3-30

利用"选择工具"调整背景层的位置和大小，调整后效果如图 3-31 所示。

图3-31

给背景层进一步做美化，右键单击"形状 01"图层选择"复制"选项，然后在空白处右键单击选择"粘贴"选项，如图 3-32 所示。

将最上面复制得到的"形状 01"图层拖至最下面，并将"填充"颜色改为"白色"，如图 3-33 所示。

图3-32

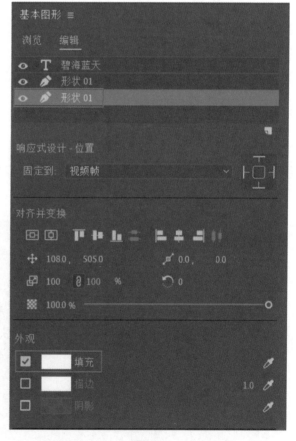

图3-33

调整白色图层的位置，使其和红色图层在位置关系上错开，最终效果如图 3-34 所示。

图3-34

3.1.5　基本图形模板

基本图形模板是 Premiere Pro CC 中一种自带的文字模板，只需修改文字即可直接使用，下面我们演示一下基本图形模板的具体使用方法。先将"跑步"素材拖至时间轴，将工作区面板切换为"图形"面板，然后单击"浏览"选项，如图 3-35 所示。

图3-35

在"浏览"选项中根据需要选择一款合适的模板直接拖至时间轴，如图 3-36 所示。

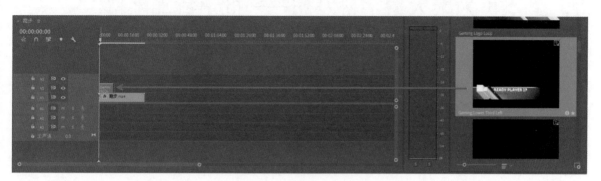

图3-36

在时间轴中单击字幕模板即可在"编辑"选项中调整模板的各种参数，将第一个文本框的内容改为"体育新闻"，将第二个文本框的内容改为"Sports News"，如图 3-37 所示。

可以根据需求继续调整相关参数，最终效果如图 3-38 所示。

图3-37

图3-38

3.2 不再为敲大量字幕发愁——批量添加字幕

"敲字幕"是后期剪辑中比较头疼的一件事，因为工作量非常大，还要多次重复枯燥无味的步骤，本节结合 Photoshop 软件讲解如何批量添加字幕。

- 要点提示：熟悉操作步骤
- 素材路径：素材 \ 第 3 章 \3.2
- 在线视频：第 3 章 \3.2 不再为敲大量字幕发愁——批量添加字幕
- 应用场景：批量添加字幕
- 魅力指数：★ ★ ★ ★ ★

01 导入"情侣"素材并拖至时间轴，利用"旧版标题"添加字幕，输入文字"黎明前的黑暗渐渐退去"并调整字体为"黑体"，"字体大小"参数调整为 46.0，"字符间距"参数调整为 10.0，"颜色"调整为白色，"X 位置"参数调整为 630.0，"Y 位置"参数调整为 680.0，如图 3-39 所示。

图3-39

相关链接

利用"旧版标题"添加字幕的方法详见"1.4 字幕的添加方法"一节。

---

02 将"字幕 01"拖至轨道 V2 中，然后单击"节目"面板中"导出帧"按钮 ，弹出"导出帧"窗口，设置"名称"为"字幕标准"，"格式"为"JPEG"，选择导出位置，单击"确定"按钮，保存备用，如图 3-40 所示。

图3-40

03 打开 Photoshop 软件，将刚才保存的静止帧"字幕标准"素材导入 Photoshop，如图 3-41 所示。

图3-41

04 单击"文字工具"按钮 T，输入和"字幕标准"素材同样的文字内容，调整字体、位置和大小，设置排布方式为"居中"，使其与素材"字幕标准"大致重合，如图 3-42 所示。

图3-42

05 把需要批量生成的文字用 TXT 文档保存，保存内容分为两部分：第一部分为字幕变量区，用任何英文填写即可；第二部分为字幕的内容区，一句一行，如图 3-43 所示。

图3-43

06 在 Photoshop 软件中将背景图层前面的"图层切换"按钮关闭，如图 3-44 所示。

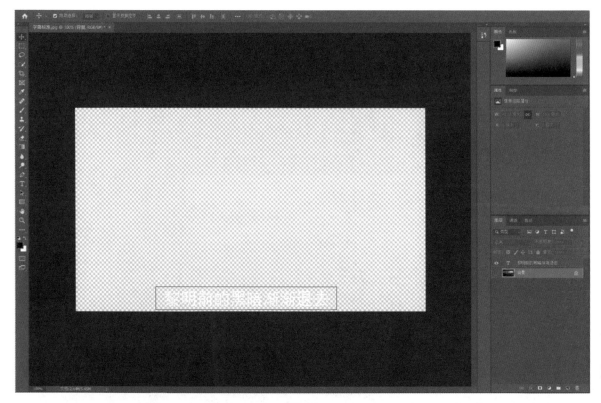

图3-44

07 在 Photoshop 软件中，执行"图像"→"变量"→"定义"命令，弹出"变量"窗口，然后勾选"文本替换"选项，名称输入为"title"（同 TXT 文档的第一部分文本内容），单击界面中的"下一个（N）"按钮，如图 3-45 所示。

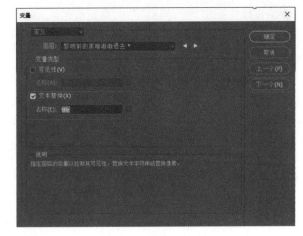

图3-45

08 单击"导入"按钮，选择"字幕文本"并单击"载入"按钮，然后勾选下方两个选项，单击"确定"按钮，如图 3-46 所示。

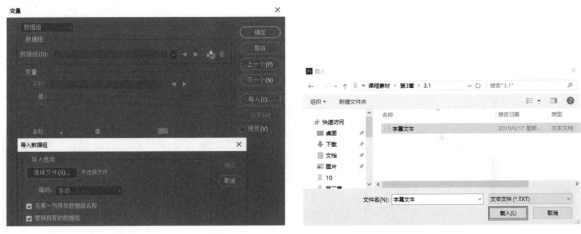

图3-46

09 单击"数据组"选项的下拉箭头可以看到每组字幕的预览情况，说明导入成功，如图 3-47 所示。

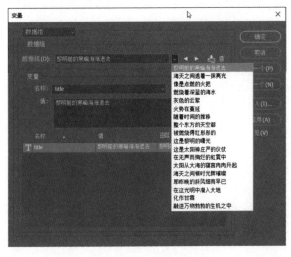

图3-47

10 执行"文件"→"导出"→"数据组作为文件"
命令,弹出"将数据组作为文件导出"窗口,自定义
选择导出位置,其他选项保持默认,单击"确定"按钮,
如图 3-48 所示。

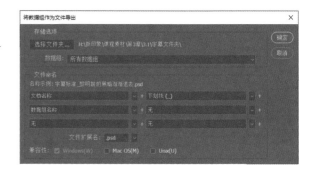

图3-48

11 导出完成后回到 Premiere Pro CC 软件,双击"素材箱"导入上一步生成的字幕,如图 3-49 所示。

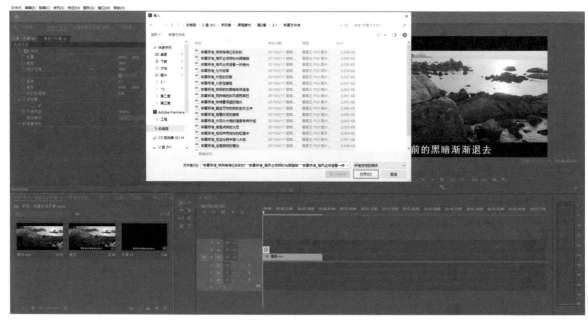

图3-49

要点提示

单击"打开"之后会弹出"导入分层文件"窗口,多次单击"确定"按钮即可。

12 导入完成之后,单击"视图列表"按钮 ，切换视图预
览方式,如图 3-50 所示。

图3-50

13 按快捷键 Ctrl+A 全选该素材箱中的字幕素材，然后放入需要添加字幕的视频轨道中，根据视频的实际情况调整每条字幕时长即可，如图 3-51 所示。

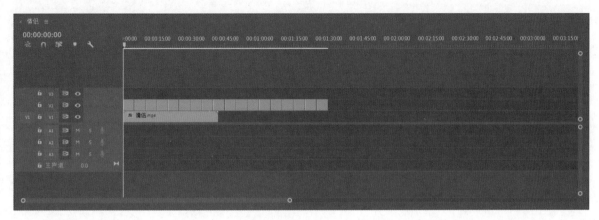

图3-51

实战练习：根据音频批量添加字幕

使用 3.1 节中的任意一种方式给视频素材添加一段文字，并使用 3.2 节的步骤进行批量添加。

- 操作提示：字幕批量生成　　　• 强化技能：批量添加字幕　　　• 难度指数：★★★★
- 素材路径：素材 \ 第 3 章 \ 实战练习

字幕添加完成后的最终效果如图 3-52 所示。

图3-52

第**4**章

字幕特效制作

经过上一章的学习读者对基础字幕的添加有了系统性的了解，本章将在基础字幕的内容上通过 12 个案例有针对性地对字幕的实战技巧进行讲解，教读者如何将字幕效果合理地运用到视频中。字幕的灵活运用不仅可以提升视频的整体质量，在某些情况下也是不可缺少的一部分。

4.1 书写文字效果——书写工具

书写字就是将文字以笔画书写的形式展现在视频中，通过书写内容和视频内容的结合来提升视频的融入感。

- 要点提示：笔画位置关键帧　　• 在线视频：第 4 章 \4.1 书写文字效果——书写工具　　• 素材路径：素材 \ 第 4 章 \4.1
- 应用场景：片名展示　　　　　　• 魅力指数：★★★★

---

01 将"海岸"视频素材导入素材箱，然后将素材拖至时间轴，执行"文件"→"新建"→"旧版标题"命令，弹出"新建字幕"窗口，单击"确定"按钮，输入英文字母"Vlog"，在"旧版标题属性"选项中将"X 位置"参数调整为 1015.0，"Y 位置"参数调整为 560.0，"字体大小"参数调整为 250.0，"字符间距"参数调整为 25，"颜色"设置为白色，"描边"中添加"外描边"效果，所有参数设置完成后将字幕拖至轨道 V2，如图 4-1 所示。

图4-1

02 将"字幕 01"长度延长至与"海岸"素材对齐，然后单击选中"字幕 01"素材，右键单击选择"嵌套"选项，如图 4-2 所示。

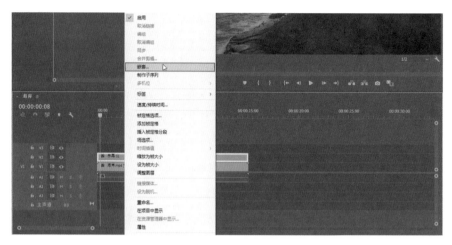

图4-2

03 打开"效果"面板，在"视频效果"下拉列表中选择"生成">"书写"效果，然后将其拖至 V2 轨道嵌套素材，如图 4-3 所示。

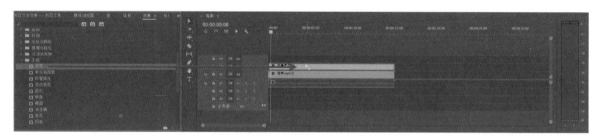

图4-3

04 调整"书写"效果参数，在"效果控件"面板内单击"书写"两字后在节目预览窗口会出现一个"十字星"的标志，将"十字星"标志移至字幕笔画的开始位置，将画笔"颜色"改为绿色，"画笔大小"参数设置为 40.0，"画笔硬度"参数设置为 80%，"画笔间隔"参数设置为 0.001，如图 4-4 所示。

图4-4

05 开始对文字笔画进行描绘，首先打位置的关键帧，将时间针放在 2 秒的位置，然后单击 "画笔位置" 前的 "切换动画" 按钮 ⊙，连续按键盘的右方向键两次，然后开始移动 "十字星" 标志，如图 4-5 所示。

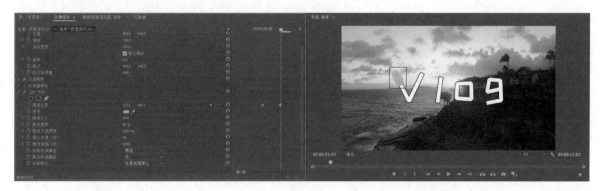

图4-5

06 重复上面的步骤进行文字描绘，每按两次右方向键移动一下 "十字星" 标志，直到将所有文字的笔画描完，如图 4-6 所示。

图4-6

07 将 "书写" 效果下 "绘制样式" 选项设置为 "显示原始图像"，如图 4-7 所示。

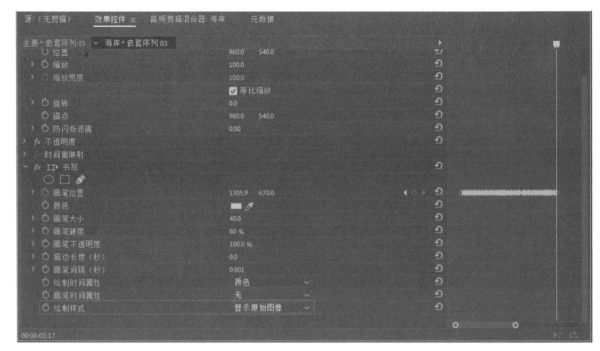

图4-7

08 添加背景音乐并调整至合适位置，最终效果如图 4-8 所示。

图4-8

知识拓展

- 由于"书写"效果的运算量较大，如果不用嵌套计算机会非常卡顿，嵌套是一种虚拟技术，将比较大的文件代换成小文件预览，在运算量较大的时候这个功能很重要，可以很大限度提升预览效率。
- "画笔间隔"的数值越小，绘制效果越细腻。
- 画笔颜色不固定，能和文字颜色区分开即可，为防止视觉疲劳建议使用绿色。

4.2 街边霓虹灯闪烁效果——模糊工具

霓虹灯闪烁效果可以用在夜景街拍的场景中，具有烘托氛围、点缀环境的功能。

- 要点提示：灯光制作步骤
- 在线视频：第 4 章 \4.2 街边霓虹灯闪烁效果——模糊工具
- 素材路径：素材 \ 第 4 章 \4.2
- 应用场景：点缀夜色环境
- 魅力指数：★ ★ ★

01 导入"霓虹灯"素材并拖至时间轴，执行"文件"→"新建"→"旧版标题"命令，弹出"新建字幕"窗口，单击"确定"按钮，然后输入"COOL"，将"X 位置"参数调整为 970.0，"Y 位置"参数调整为 560.0，"字体"设置为黑体，"字体大小"参数调整为 370.0，"字符间距"参数调整为 5.0，"颜色"设置为绿色，设置完成后关闭字幕窗口，如图 4-9 所示。

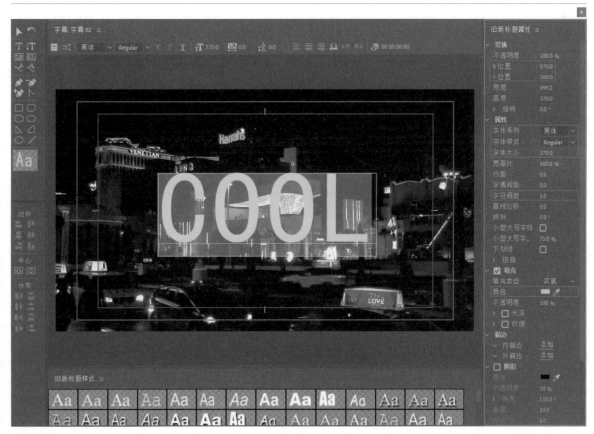

图4-9

02 把字幕素材拖至 V2 轨道，然后在按住 Alt 键的同时向上拖曳视频素材，如图 4-10 所示，将字幕素材复制两份。

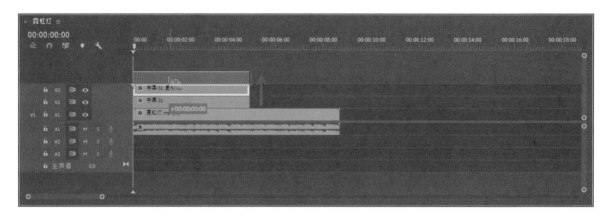

图4-10

03 打开"效果"面板，在"视频效果"下拉列表中选择"模糊与锐化">"高斯模糊"效果，然后将其拖至
V4 轨道字幕素材，如图 4-11 所示。

图4-11

04 打开"效果"面板，在"视频效果"下拉列表中选择"模糊与锐化">"相机模糊"效果，然后将其拖至
V3 轨道字幕素材，如图 4-12 所示。

图4-12

05 选中 V4 轨道字幕素材，在"效果控件"面板中将"高斯模糊"下的"模糊度"参数调整为 80.0，如图 4-13
所示。

06 选中 V3 轨道字幕素材，在"效果控件"面板中将"相机模糊"下的"百分比模糊"参数调整为 50，如图 4-14
所示。

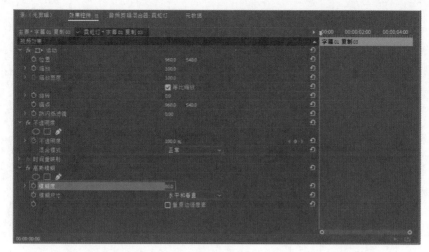

图4-13

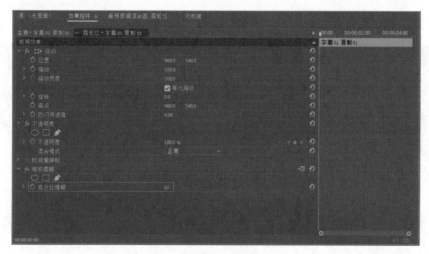

图4-14

07 下面开始制作霓虹灯的闪烁效果，同时选中 3 条字幕素材右键单击选择嵌套，然后单击"确定"按钮，完成后如图 4-15 所示。

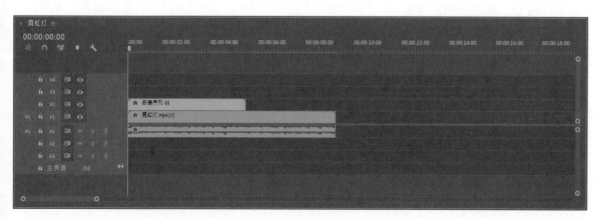

图4-15

$\mathit{08}$ 按键盘 + 键放大时间轴，用"剃刀工具"每隔 2 帧删除 1 帧画面，如图 4-16 所示。

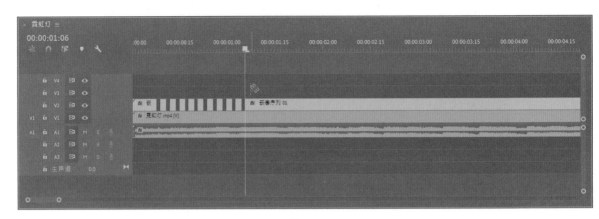

图4-16

$\mathit{09}$ 制作完成的最终效果如图 4-17 所示。

图4-17

知识拓展

● 键盘方向键每按一次是 1 帧，按住 Shift 键再按方向键每按一次是 5 帧。

4.3 逐字输入的打字机效果——文本工具

逐字输入的打字机效果常用在短视频广告的结尾搜索框或故事类视频的开场位置，表现风格突出醒目，一目了然。

要点提示：文字关键帧的用法　·在线视频：第 4 章 \4.3 逐字输入的打字机效果——文本工具
·素材路径：素材 \ 第 4 章 \4.3　·应用场景：搜索框、文字说明　·魅力指数：★★★★

01 将"搜索框""打字机 - 键盘敲击声"素材导入素材箱，然后新建一个高清横屏序列，将"搜索框"素材导入时间轴，如图 4-18 所示。

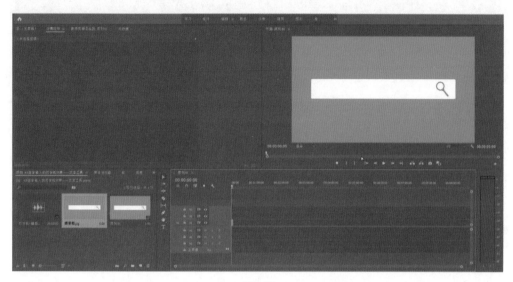

图4-18

相关链接

新建序列的操作方法，详见"1.1.2 剪辑流程"中内容。

02 单击工具栏的"文字工具"输入"打"字，打开"效果控件"面板，在"文本"将"源文本"的字体设置为 SimHei（黑体），字体大小参数调整为 157，"填充"颜色选择黑色，"位置"参数调整为 230.0 590.0，如图 4-19 所示。

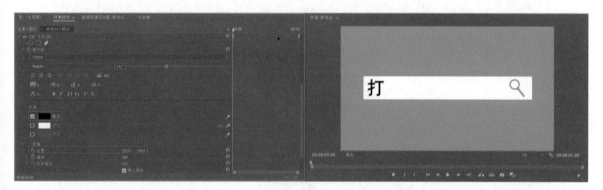

图4-19

03 第一个文字设置完成后单击"源文本"前的"切换动画"按钮，然后按住 Shift 键再按向右方向键一次向前移动 5 帧，输入文字"字"，如图 4-20 所示。

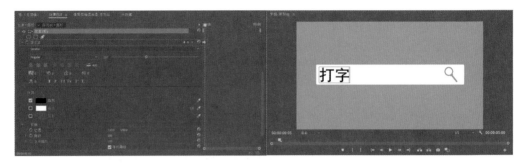

图4-20

04 重复上一步的操作，按住 Shift 键再按向右方向键一次向前移动 5 帧，输入文字"机"，如图 4-21 所示。

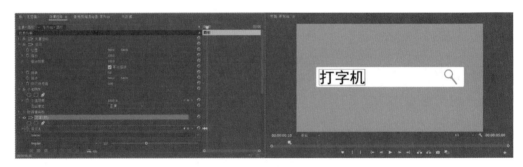

图4-21

05 重复以上操作直到输入完"打字机字幕效果"文字，如图 4-22 所示。

图4-22

06 输入完成后将"位置"参数调整为 315.0 590.0，如图 4-23 所示。

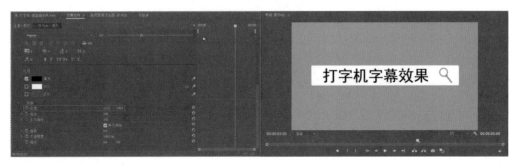

图4-23

07 将"打字机 – 键盘敲击声"素材拖至 A1 轨道，并调整至合适位置，最终效果如图 4-24 所示。

图4-24

4.4 镂空文字视频效果——轨道遮罩键

本节讲解的内容是如何使用轨道遮罩键制作创意性开场视频，用文字轨迹作为通道，显示底层视频，做出文字和背景视频相结合的效果。

- 要点提示：轨道遮罩键的应用
- 素材路径：素材 \ 第 4 章 \4.4
- 在线视频：第 4 章 \4.4 镂空文字视频效果——轨道遮罩键
- 应用场景：透明文字
- 魅力指数：★ ★ ★

01 首先导入"散步"和"背景音乐"素材，然后将"散步"素材拖至时间轴，如图 4-25 所示。

图4-25

02 单击"新建项"按钮 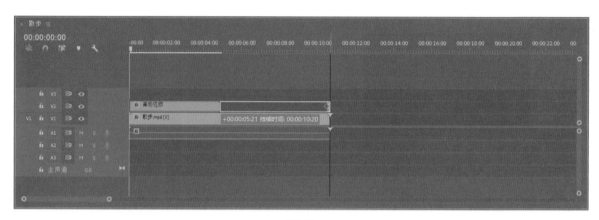,选择"黑场视频"选项,单击"确定"按钮,然后将"黑场视频"素材拖至 V2 轨道,并将素材长度延长至与"散步"素材相同,如图 4-26 所示。

图4-26

03 执行"文件"→"新建"→"旧版标题"命令,弹出"新建字幕"窗口,单击"确定",然后输入"LOVERS"字母,"字体"设置为黑体,"字体大小"参数调整为 407.0,"X 位置"参数调整为 960.0,"Y 位置"参数调整为 640.0,设置完成后关闭窗口,如图 4-27 所示。

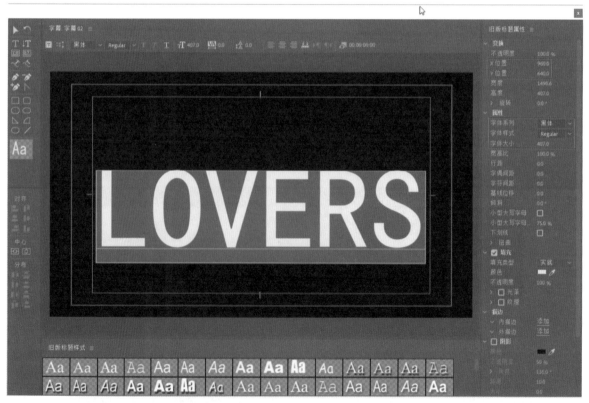

图4-27

04 将"字幕01"素材拖至轨道 V3，并将素材长度延长至与"散步"素材相同，如图 4-28 所示。

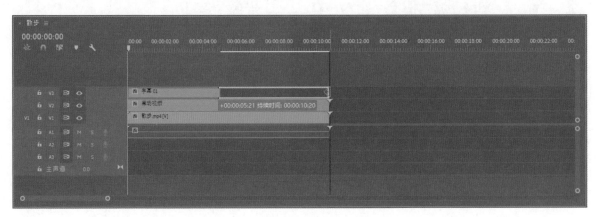

图4-28

05 打开"效果"面板，在"视频效果"下拉列表中选择"键控"→"轨道遮罩键"效果，然后将其拖至"黑场视频"素材上，如图 4-29 所示。

图4-29

06 打开"效果控件"面板，将"轨道遮罩键"下的选项"遮罩"设置为"视频 3"，勾选"反向"选项，如图 4-30 所示。

07 将背景音乐调整至合适位置后完成案例制作，最终效果如图 4-31 所示。

图4-30

图4-31

4.5 水波纹流动文字效果——湍流置换

水波纹流动效果常用于具有流动、消散状态的背景视频中，由于湍流置换的参数特性可以将文字完美地融入背景视频，制作出文字与实景动势吻合的视觉效果。

- 要点提示：湍流置换
- 素材路径：素材 \ 第 4 章 \4.5
- 在线视频：第 4 章 \4.5 水波纹流动文字效果——湍流置换
- 应用场景：流动场景
- 魅力指数：★ ★ ★ ★

01 将"海底世界"视频素材导入素材箱，然后将素材拖至时间轴，如图 4-32 所示。

图4-32

02 执行"文件"→"新建"→"旧版标题"命令，弹出"新建字幕"窗口，单击"确定"按钮，单击"文字工具"按钮 T 输入文字"水波纹"，然后全选"水波纹"3 个字，将字体设置为"黑体"，"字体大小"参数调整为 250.0，"X 位置"参数调整为 990.0，"Y 位置"参数调整为 570.0，"字符间距"参数调整为 20.0，"颜色"设置为白色，设置完成后关闭窗口，如图 4-33 所示。

图4-33

03 在"素材箱"中选中"字幕 01"拖曳到 V2 轨道，如图 4-34 所示。

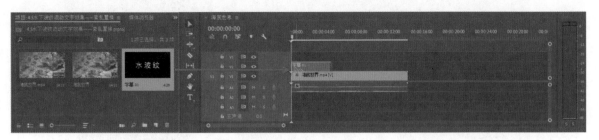

图4-34

04 打开"效果"面板，在"视频效果"下拉列表中选择"扭曲">"湍流置换"效果，然后将其拖至字幕素材，如图 4-35 所示。

图4-35

05 添加"湍流置换"效果后，选中字幕素材，打开"效果控件"面板，单击"湍流置换">"偏移（湍流）"前"切换动画"按钮，将参数设置为 -360.0 540.0，然后将时间针拖至 4 秒处设置"偏移（湍流）"参数设置为 540.0 540.0，如图 4-36 所示。

06 将时间针拖至开始位置单击"演化"前的"切换动画"按钮，然后将时间针拖至 4 秒处，参数设置为10.0，如图 4-37 所示。

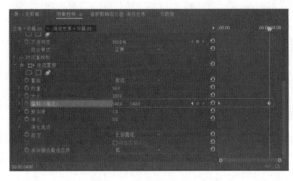

图4-36

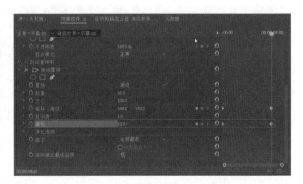

图4-37

07 案例最终效果如图 4-38 所示。

图4-38

4.6 文字标题扫光效果——蒙版

文字扫光效果多用于视频开头标题或者展示金属质感物体的文字说明。

- 要点提示：蒙版路径
- 素材路径：素材 \ 第 4 章 \4.6
- 在线视频：第 4 章 \4.6 文字标题扫光效果——蒙版
- 应用场景：标题包装
- 魅力指数：★★★★

---

01 将"道路"和音乐素材导入素材箱，然后将素材拖至时间轴，如图 4-39 所示。

图4-39

02 新建"旧版标题"，然后单击"文字工具"按钮**T**，输入字母"Traffic"，"字体"设置为黑体，"X 位置"参数调整为 970.0，"Y 位置"参数调整为 560.0，"字体大小"参数调整为 225.0，"字符间距"参数调整为 10.0，"颜色"参数"R""G""B"分别调整为：229、229、229，设置完成后关闭窗口，参数设置如图 4-40 所示。

图4-40

03 将"字幕01"素材拖至 V2 轨道，如图 4-41 所示。

图4-41

04 按住 Alt 键单击素材向上拖至 V3 轨道，复制"字幕01"素材，如图 4-42 所示。

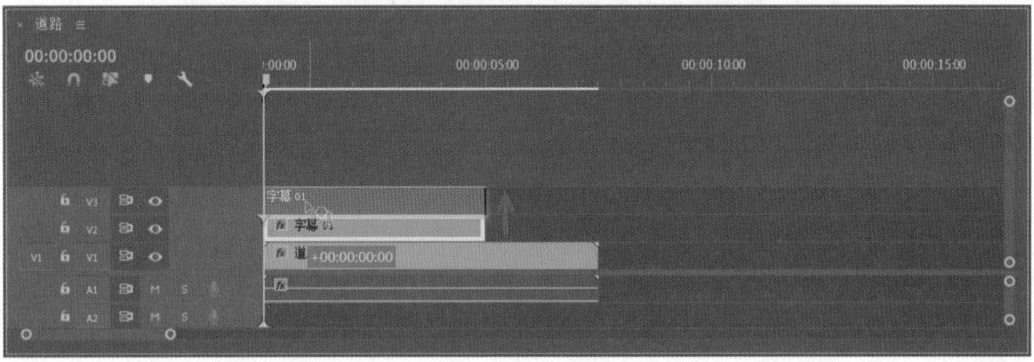

图4-42

05 双击打开 V3 轨道的字幕素材，选中字体内容将颜色调为纯白色，调整完成后关闭字幕窗口，参数设置如图 4-43 所示。

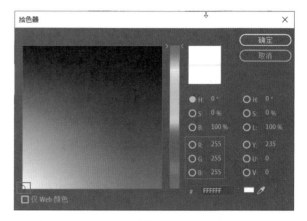

图4-43

06 打开"效果"面板，在"视频效果"下拉列表中选择"风格化">"Alpha 发光"效果，然后将其拖至 V3 轨道字幕素材，如图 4-44 所示。

图4-44

07 打开"效果控件"面板，在 Alpha 发光选项下将"发光"参数调整为 20，"亮度"参数调整为 200，"起始颜色"为白色，"结束颜色"为白色，如图 4-45 所示。

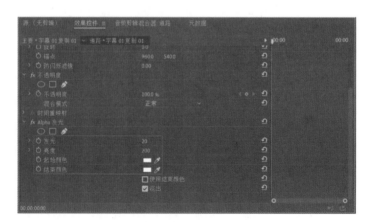

图4-45

08 选中 V3 轨道字幕素材，在"效果控件"面板的不透明度选项下单击"创建 4 点多边形蒙版"按钮■，然后调整蒙版位置，如图 4-46 所示。

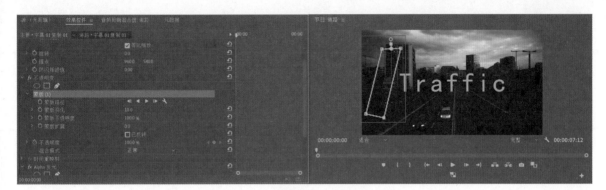

图4-46

09 设置蒙版关键帧动画,将时间针拖至时间轴开始位置,单击蒙版路径前的"切换动画"按钮,然后将时间针移至2秒处,水平拖动蒙版直至划过全部文字内容,将"蒙版羽化"参数调整为40.0,如图 4-47 所示。

图4-47

10 将背景音乐拖至 A1 轨道并调整至合适位置,最终效果如图 4-48 所示。

图4-48

4.7 文字溶解出现效果——粗糙边缘

文字溶解效果可用于以云层或者流体视频开场的效果中，有着极强的融入感。

- 要点提示：边框关键帧
- 素材路径：素材 \ 第 4 章 \4.7
- 在线视频：第 4 章 \4.7 文字溶解出现效果——粗糙边缘
- 应用场景：开场字幕
- 魅力指数：★ ★ ★

01 首先将"云层"素材和音乐素材导入素材箱，然后将素材拖至时间轴，如图 4-49 所示。

图4-49

02 新建"旧版标题"，然后单击"文字工具"按钮，输入文字"苍茫云海间"，"字体"设置为楷体，"X 位置"参数调整为 980.0，"Y 位置"参数调整为 560.0，"字体大小"参数调整为 150.0，"字符间距"参数调整为 10.0，"颜色"设置为白色，设置完成后关闭窗口，参数设置如图 4-50 所示。

图4-50

03 将"字幕01"素材拖至V2轨道,打开"效果"面板,在"视频效果"下拉列表中选择"风格化">"粗糙边缘"效果,然后将其拖至字幕素材,如图4-51所示。

图4-51

04 选中"字幕01"素材,打开"效果控件"面板,将时间针移至视频开始位置,单击"粗糙边缘"选项下边框前"切换动画"按钮 ⊙ 并将"边框"参数设置为110.0,然后将时间针移至3秒位置并将"边框"参数设置为0,如图4-52所示。

05 将背景音乐拖至A1轨道并调整至合适位置,案例最终效果如图4-53所示。

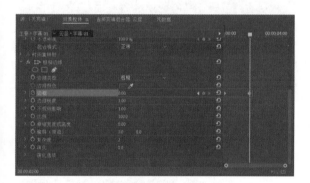

图4-52

图4-53

4.8 聊天对话框弹窗动画——运动设置

对话框弹窗效果也称"聊天气泡",多用于故事类视频中的聊天内容展示。

- 要点提示:运动关键帧
- 素材路径:素材 \ 第 4 章 \4.8
- 在线视频:第 4 章 \4.8 聊天对话框弹窗动画——运动设置
- 应用场景:聊天气泡
- 魅力指数:★★★★

01 首先将"聊天背景""白气泡""绿气泡"素材和音乐素材导入素材箱,然后单击选中"聊天背景"素材将其拖至V1轨道并延长素材时间,将"白气泡"素材拖至V2轨道并延长素材时间,如图4-54所示。

图4-54

02 新建"旧版标题"，然后单击"文字工具"按钮
▣，输入文字"玩个游戏吗"，"字体"设置为黑体，
调整文字大小和位置与"白气泡"素材位置调整一致，
"颜色"设置为黑色，并将字幕长度延长至和"白气泡"
素材长度一致，设置完成后关闭窗口，参数设置如图
4-55所示。

图4-55

03 同时选中"字幕01"和"白气泡"素材右键单击，选择"嵌套"选项，如图4-56所示。

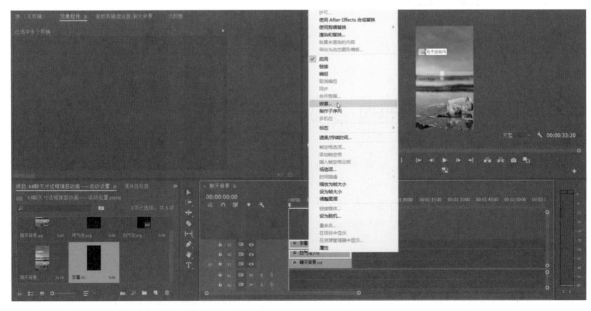

图4-56

04 选中嵌套素材，打开"效果控件"面板，调整"锚点"中代表 *x* 轴和 *y* 轴数值，使其移至对话气泡最前端，如图 4-57 所示。

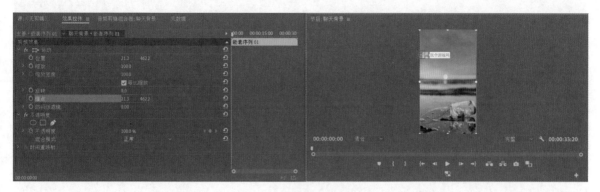

图4-57

05 将时间针移至视频开始位置，单击"位置"选项下缩放前"切换动画"按钮⊘，将"缩放"参数调整为 0，然后按住 Shift 键，按一次键盘上右方向键，将"缩放"参数调整为 100.0，如图 4-58 所示。

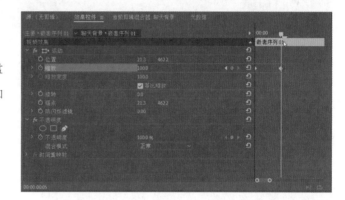

图4-58

06 重复"步骤 02"至"步骤 05"做出"绿气泡"素材的文字内容，并将"嵌套序列 02"素材与"嵌套序列 01"素材错开一定位置，如图 4-59 所示。

图4-59

07 按照上述对话形式和制作方法，制作以下对话内容，如图 4-60 所示。

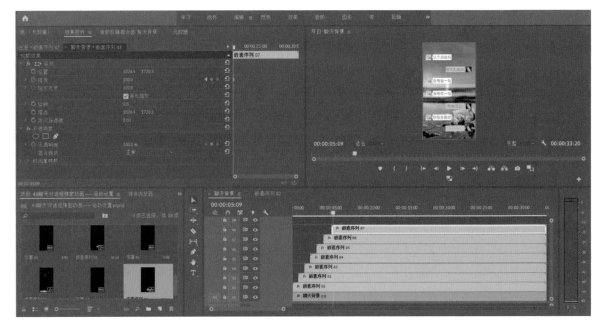

图4-60

08 对话内容全部制作完成后，将所有的"嵌套序列"再次嵌套，如图 4-61 所示。

图4-61

09 制作气泡向上移动的效果，在第二句话出现之前一帧的位置单击位置前"切换动画"按钮，然后按住 Shift 键按一次右方向键，改变代表 *y* 轴参数的数值使聊天内容向上移动，数值根据实际需求调整适当即可。按照上述操作继续移动第三句话，关键帧设置如图 4-62 所示。

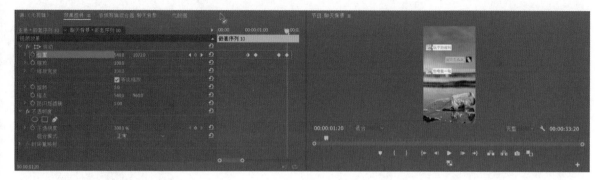

图4-62

10 按照"步骤 09"制作所有的对话内容的运动效果，如图 4-63 所示。

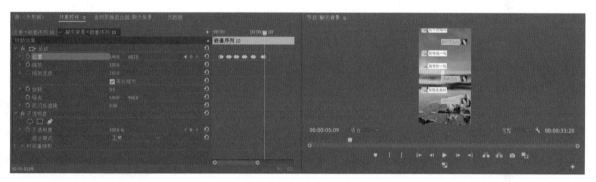

图4-63

11 选中所有关键帧后右键单击，选择"临时插值">"自动贝塞尔曲线"选项，如图 4-64 所示。

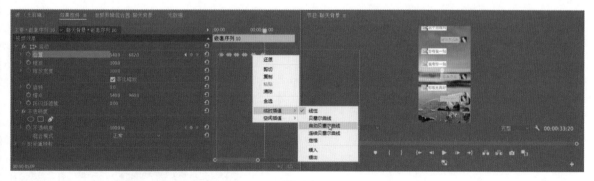

图4-64

12 在每段文字发送出去的位置添加"消息提示声"，如图 4-65 所示。

13 最终案例效果如图 4-66 所示。

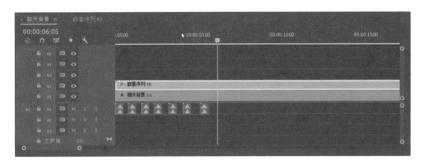

图4-65

图4-66

4.9 闪光文字效果——闪光灯

　　闪光灯效果是模拟霓虹灯边缘闪烁的一种文字特效，相比于霓虹灯效果边缘更加细腻没有模糊感，合适用于灯红酒绿的城市夜生活场景中。

- 要点提示：颜色关键帧
- 素材路径：素材 \ 第 4 章 \4.9
- 在线视频：第 4 章 \4.9 闪光文字效果——闪光灯
- 应用场景：点缀夜色场景
- 魅力指数：★★★

01 新建序列，将"编辑模式"设置为"自定义"，"时基"设置为"25.00 帧 / 秒"，"帧大小"水平设置为"1920"、垂直设置为"1080"，"像素长宽比"设置为"方形像素（1.0）"，其他参数保持默认，单击"确定"按钮，如图 4-67 所示。

图4-67

02 新建"旧版标题"，输入文字"闪光灯"，将"字体"设置为黑体，"X 位置"参数调整为 960.0，"Y 位置"参数调整为 570.0，"字体大小"参数调整为 250.0，参数设置如图 4-68 所示。

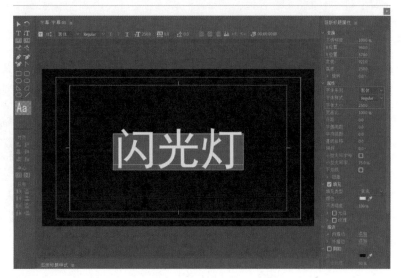

图4-68

03 取消勾选"填充"，单击"外描边"后面的"添加"，将"外描边"的颜色改为白色，调整完毕后关闭字幕窗口，参数设置如图 4-69 所示。

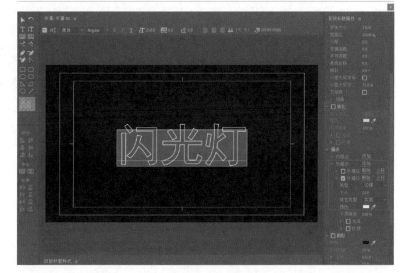

图4-69

04 将字幕素材拖至时间轴，打开"效果"面板，在"视频效果"下拉列表中选择"风格化" > "闪光灯"效果，然后将其拖至"字幕 01"素材，如图 4-70 所示。

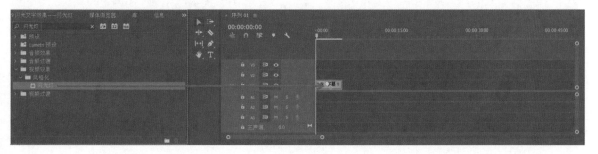

图4-70

05 打开"效果控件"面板,单击"闪光灯"选项下"闪光色"前面的"切换动画"按钮◙,然后按右方向键一次,
更改"闪光色"的颜色,参数设置如图 4-71 所示。

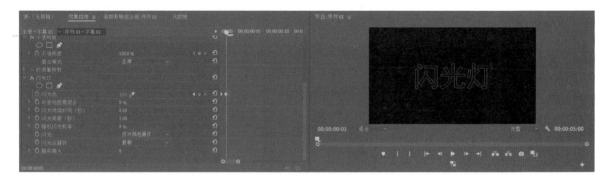

图4-71

06 重复"步骤05"的操作,每一帧都选择不同的颜色,重复此操作10余次,颜色随机选择即可,如图 4-72 所示。

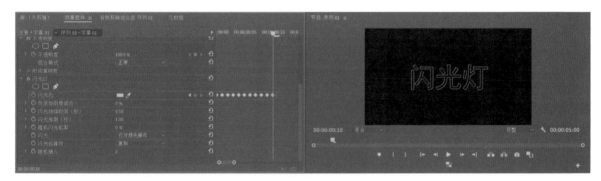

图4-72

07 在"步骤06"的基础上选中所有关键帧按快捷键 Ctrl+C 复制,然后按快捷键 Ctrl+V 依次向后粘贴,操作
方法如图 4-73 所示。

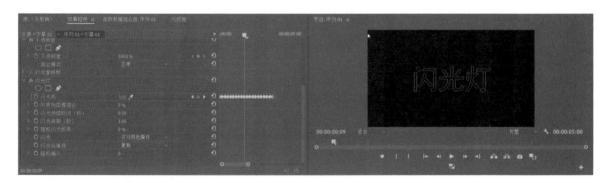

图4-73

08 重复"步骤07"10次,将"与原始图像混合"参数改为0,如图 4-74 所示。

09 导入背景音乐并调整至合适位置,最终效果如图 4-75 所示。

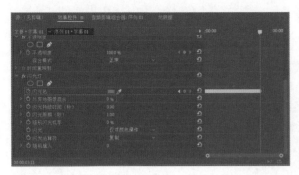

图4-74

图4-75

4.10 视频进度条计时器制作——时间码

时间进度条是生活中常见的一种计时方法，常用于播放视频、音乐的计时形式。

- 要点提示：时间码效果
- 素材路径：素材 \ 第 4 章 \4.10
- 在线视频：第 4 章 \4.10 视频进度条计时器制作——时间码
- 应用场景：视频进度条
- 魅力指数：★★★★

---

01 将"猩猩"素材和音乐素材导入素材箱，然后新建序列，将"编辑模式"设置为"自定义"，"时基"设置为"25.00 帧 / 秒"，"帧大小"水平设置为"1920"、垂直设置为"1080"，"像素长宽比"设置为"方形像素（1.0）"，其他参数保持默认，单击"确定"，如图 4-76 所示。

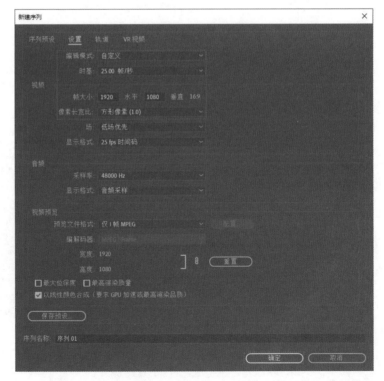

图4-76

02 执行 "新建项" > "颜色遮罩" 命令，颜色选择 "青色"，然后将 "颜色遮罩" 素材拖至 V1 轨道并延长至
30 秒，如图 4-77 所示。

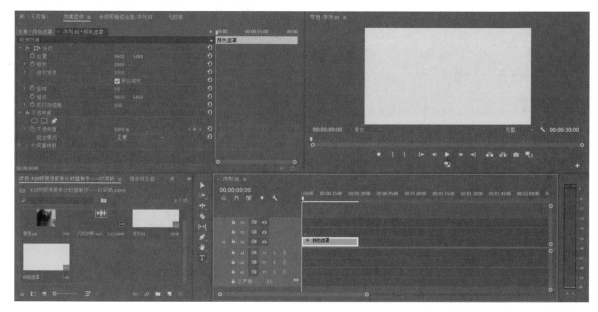

图4-77

03 将 "猩猩" 素材拖至 V2 轨道，打开 "效果控件" 面板，将 "运动" 选项下 "位置" 参数调整为 960.0 390.0，"缩
放" 参数调整为 32.0，然后将素材长度延长至 30 秒，如图 4-78 所示。

图4-78

04 单击 "文字工具" 按钮 T，输入文字内容 "星星 FM"，在 "效果控件" 面板中的 "文本" 选项下将 "字体"
设置为 SimHei（黑体），"字体大小" 参数调整为 130，"字距调整" 参数调整为 100，再将 "变换" 选项下 "位
置" 参数调整为 730.0 700.0，然后将字幕长度延长至 30 秒，参数设置如图 4-79 所示。

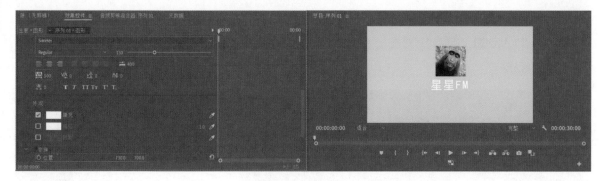

图4-79

05 再次新建"颜色遮罩"，颜色选择"白色"，然后将其拖至时间轴，在"效果控件"面板将"变换"选项下"位置"参数设置为960.0 900.0，取消勾选"等比缩放"，"缩放高度"参数设置为1.5，"缩放宽度"参数设置为80.0，然后将素材长度延长至 30 秒，参数设置如图 4-80 所示。

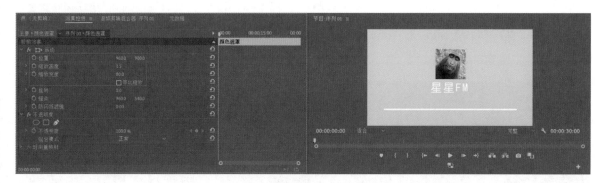

图4-80

06 新建"旧版标题"，单击"椭圆工具"按钮 ◯ 在视频中画出一个小圆形，颜色调整为"白色"，关闭"字幕"窗口。将该素材拖至V5 轨道并将素材延长至 30 秒，参数调整如图 4-81 所示。

图4-81

07 选中"字幕 01"素材，在"效果控件"面板设置位置关键帧，将"圆点"移至"白线"最前端，单击位置前"切换动画"按钮，将时间针移至 30 秒位置，然后改变水平位置参数将"圆点"位置移动至"白线"最末端，如图 4-82 所示。

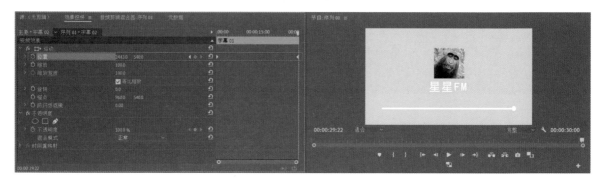

图4-82

08 单击"素材箱"窗口右下角的"新建项"按钮，新建"调整图层"，将调整图层拖至 V6 轨道并将素材延长至 30 秒，打开"效果"面板，在"视频效果"下拉列表中选择"视频">"时间码"效果，然后将其拖至"调整图层"素材，如图 4-83 所示。

图4-83

09 选中"调整图层"素材，在"效果控件"面板将"时间码"选项下"位置"参数设置为 1590.0 800.0，"不透明度"参数设置为 0,取消勾选"场符号"，"时间码源"设置为生成，如图 4-84 所示。

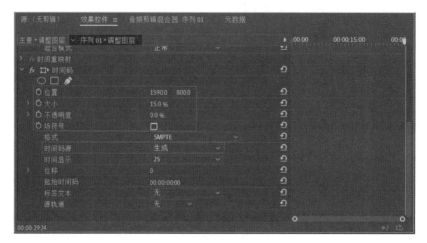

图4-84

10 选中"调整图层"素材，在"效果控件"面板单击"时间码"选项下的"创建 4 点多边形蒙版"按钮▢，然后移动位置框选"时间码"中"分"与"秒"的部分，并将"蒙版羽化"调整为 0，如图 4-85 所示。

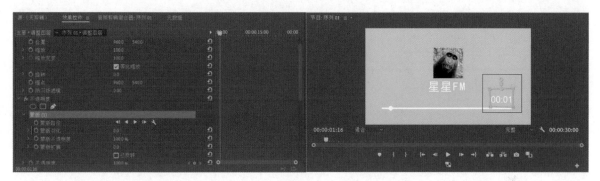

图4-85

11 添加背景音乐至合适位置，最终效果如图 4-86 所示。

图4-86

4.11 模糊字幕让 MV 更有意境——高斯模糊

模糊字幕效果是比较柔和的一种字幕表现形式，常用于抒情 MV 或者情感类视频。

- 要点提示：高斯模糊
- 素材路径：素材 \ 第 4 章 \4.11
- 在线视频：第 4 章 \4.11 模糊字幕让 MV 更有意境——高斯模糊
- 应用场景：MV 字幕添加
- 魅力指数：★★★

01 将"情侣"素材和音乐素材导入素材箱，然后将素材拖至时间轴，如图 4-87 所示。

图4-87

02 新建"旧版标题",然后单击"垂直文字工具"按钮<u>IT</u>,输入文字内容"Should auld",将"字体"设置为黑体,"字体大小"参数调整为29.0, "X位置"参数调整为1100.0, "Y位置"参数调整为305.0, "颜色"设置为"暗橘色", 设置完成后关闭窗口, 参数设置如图4-88所示。

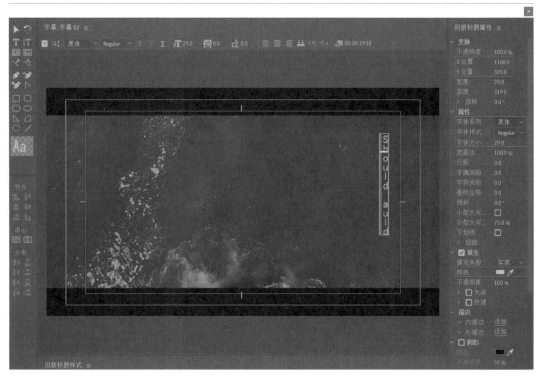

图4-88

03 将 "字幕 01" 素材拖至时间轴 V2 轨道, 如图 4-89 所示。

图4-89

04 打开 "效果" 面板, 在 "视频效果" 下拉列表中选择 "模糊与锐化" > "高斯模糊" 效果, 然后将其拖至 "字幕 01" 素材, 如图 4-90 所示。

图4-90

05 在 "效果控件" 面板, 将时间针拖至字幕素材开始位置, 单击 "高斯模糊" 选项下的 "模糊度" 前面的 "切换动画" 按钮⬤, 将 "模糊度" 参数调整为 32.0, 然后移动时间针至 14 帧处将 "模糊度" 调整为 0, 然后将时间针移至 1 秒 05 帧处单击 "模糊度" 后面的 "添加 / 移除关键帧" 按钮⬤, 最后将时间针移至 1 秒 23 帧处将 "模糊度" 改为 50.0, 参数设置如图 4-91 所示。

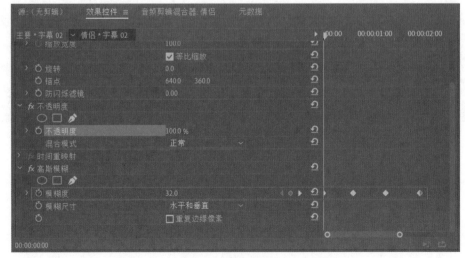

图4-91

06 在"效果控件"面板，将时间针移至 1 秒 05 帧处，单击"不透明度"选项下的"不透明度"前面的"切换动画"按钮■，然后将时间针移至 1 秒 23 帧处，将"不透明度"参数改为 0，关键帧设置如图 4-92 所示。

07 将背景音乐拖至时间轴并调整至合适位置，最终案例效果如图 4-93 所示。

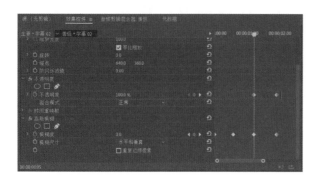
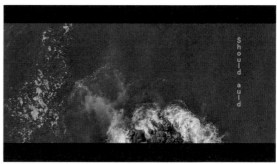

图4-92 　　　　　　　　　　　　　　　　　　　图4-93

4.12 电影风格字幕开头——综合案例

本节内容我们通过综合案例的形式讲解如何结合字幕做一个电影风格的开场效果。

• 要点提示：蒙版路径	• 在线视频：第 4 章 \ 4.12 电影风格字幕开头——综合应用
• 素材路径：素材 \ 第 4 章 \ 4.12	• 应用场景：电影风格开场 　　　　　　　　　　　　• 魅力指数：★★★★

01 将"海峡"素材和音乐素材导入素材箱，然后将素材拖至时间轴，如图 4-94 所示。

图4-94

02 新建"旧版标题"，然后单击"文字工具"按钮■，输入文字内容"DARK STRAIT"，将"字体"设置为黑体，"字体大小"参数调整为 115.0，"X 位置"参数调整为 970.0，"Y 位置"参数调整为 520.0，"字符间距"参数调整为 20.0，颜色设置为"白色"，设置完成后关闭窗口，参数设置如图 4-95 所示。

图4-95

03 将"字幕01"素材拖至时间轴，在"效果控件"面板单击"不透明度"选项下的"创建4点多边形蒙版"按钮▣，调整蒙版位置如图4-96所示。

图4-96

04 打开"效果控件"面板，将时间针拖至字幕素材开始位置，单击"蒙版扩展"前面的"切换动画"按钮◉，将"蒙版扩展"参数调整为 -32.0，然后移动时间针至3秒处，将"蒙版扩展"参数调整为65.0，如图4-97所示。

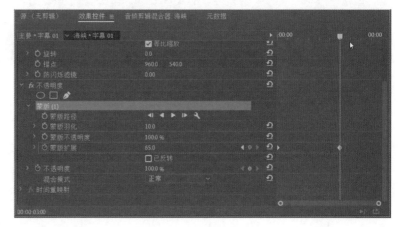

图4-97

05 新建"旧版标题",单击"矩形工具"按钮▣,以文字内容为基准画出一个矩形,将"不透明度"参数调整为 0,单击"内描边"后面的"添加",将"描边大小"参数调整为 6.0,将"描边颜色"设置为白色,设置完成后关闭窗口,参数设置如图 4-98 所示。

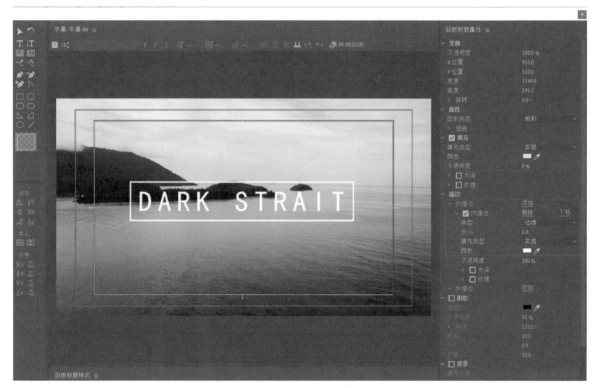

图4-98

06 将矩形素材拖至 V3 轨道,如图 4-99 所示。

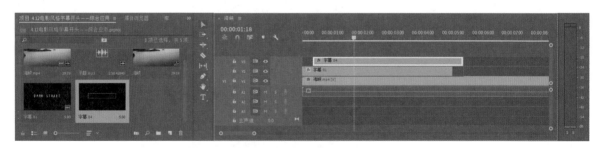

图4-99

07 打开"效果"面板,在"视频效果"下拉列表中选择"扭曲">"变换"效果,然后将其拖至矩形素材。选中矩形素材,打开"效果控件"面板,取消勾选"等比缩放",将时间针拖至矩形素材开始位置,单击"变换"选项下的"缩放高度"前面的"切换动画"按钮▣,将"缩放高度"参数设置为 40.0,然后将时间针移至 2 秒 20 帧处,将"缩放高度"参数设置为 120.0,如图 4-100 所示。

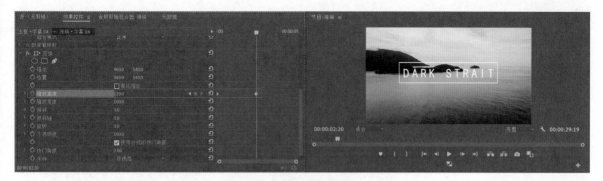

图4-100

08 选中时间轴中所有素材右键单击选择"嵌套"选项，如图 4-101 所示。

图4-101

09 选中嵌套后的素材，将时间针移至开始位置，在"效果控件"面板单击"不透明度"前面的"切换动画"按钮 ，将"不透明度"参数设置为 0，然后将时间针移至 1 秒 10 帧的位置，将"不透明度"参数设置为 100%，如图 4-102 所示。

图4-102

10 最后添加背景音乐并调整至合
适位置，最终案例效果如图 4-103
所示。

图4-103

实战练习：制作电影感开场

使用"4.1"节中的书写文字效果，结合"1.8"节中的关键帧运动知识制作"遮幅文字开场"效果。

● 操作提示：黑场视频运动　　● 强化技能：关键帧运动　　● 难度指数：★ ★ ★
● 素材路径：素材＼第 4 章＼实战练习

电影感开场最终效果如图 4-104 所示。

图4-104

第 5 章

经典类转场

本章进入转场效果的讲解，首先讲解转场的含义和类型，在剪辑中一个完整的片段需要多段视频素材拼接完成，在两段素材之间的转换就叫做转场，转场的方式分为两种，分别是：技巧性转场和无技巧转场。技巧性转场就是在两段素材之间添加某种转场效果，使两段视频的过渡更具创意性。无技巧转场是用镜头自然过渡来连接上下两镜头的内容，主要用于蒙太奇镜头之间的转换，在使用无技巧转场时需要合理运用转换条件。本章我们主要讲解经典的技巧性转场的实战用法。

5.1 递近形式的穿梭转场——交叉缩放

穿梭转场具有时空过渡的空间感，使镜头之间的切换逐渐递近，整体效果逻辑感较强。

- 要点提示：交叉缩放、残影
- 素材路径：素材 \ 第 5 章 \5.1
- 在线视频：第 5 章 \5.1 递近形式的穿梭转场——交叉缩放
- 应用场景：递近场景切换
- 魅力指数：★ ★ ★

01 将"云层""车流""城市"素材和音乐素材导入素材箱，然后将素材分别拖至 V1、V2、V3 轨道，并将视频的"尾部"和"头部"重叠一部分，如图 5-1 所示。

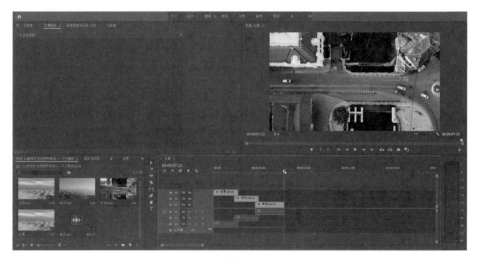

图5-1

02 分别给"云层"和"城市"素材添加"视频过渡" > "缩放" > "交叉缩放"效果，并通过拖曳调整"交叉缩放"的时间长度，如图 5-2 所示。

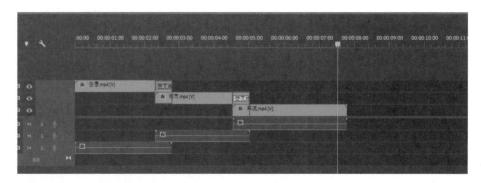

图5-2

知识拓展

- 可以在"效果"面板中的搜索框中直接输入想添加的效果名称，即可快速查找到对应效果。

03 选中"云层"素材,打开"效果控件"面板,将时间针拖至"交叉缩放"效果的开始位置,单击"不透明度"前的"动画切换"按钮,然后把时间针拖至末端,将"不透明度"参数调整为 0,如图 5-3 所示。

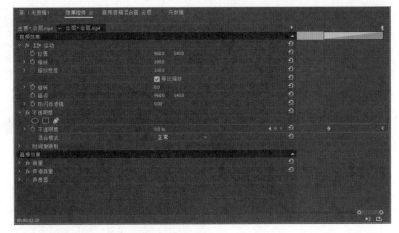

图5-3

04 按照"步骤 03"的方法给"城市"素材做同样的操作,如图 5-4 所示。

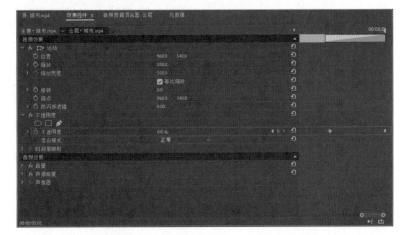

图5-4

05 新建"调整图层",如图 5-5 所示。

图5-5

06 将"调整图层"分别拖至 V4 和 V3 轨道，调整时间长度与"交叉缩放"效果长度相同，如图 5-6 所示。

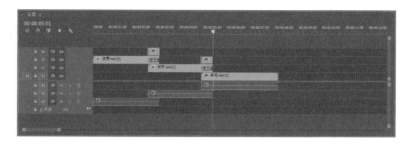

图5-6

07 给两段"调整图层"素材分别添加"视频效果">"时间">"残影"效果，选中"调整图层"，然后打开"效果控件"面板，将"残影"选项下的"残影运算符"中的选项设置为"从前至后组合"，如图 5-7 所示。

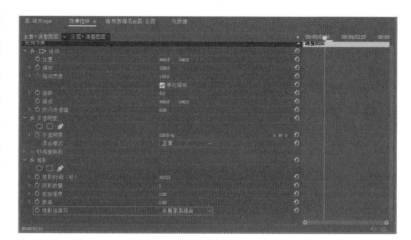

图5-7

08 将背景音乐调至合适位置并在转场位置添加转场音效，最终案例效果如图 5-8 所示。

相关链接

转场效果的使用和添加方法，详见"1.5 视频转场的用法"内容，本章不再赘述。

图5-8

5.2 炫酷巧妙的渐变擦除——渐变转场

渐变转场主要以画面的明暗度作为渐变的依据，可以在亮部和暗部之间进行双向调节。

● 要点提示：渐变擦除　　　　　　● 在线视频：第 5 章 \5.2 炫酷巧妙的渐变擦除——渐变转场
● 素材路径：素材 \ 第 5 章 \5.2　　● 应用场景：自然风景　　　　　　　　　　　　　● 魅力指数：★ ★ ★ ★

01 将"孤独""火""轮船""隧道""夕阳"素材和音乐素材导入素材箱，然后将素材分别拖至 V1、V2、V3、V4、V5 轨 道，然后适当调整视频长度，并将视频的"尾部"和"头部"重叠一部分，如图 5-9 所示。

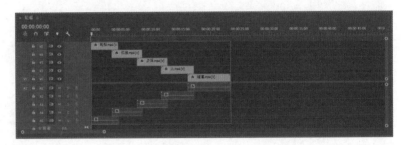

图5-9

02 利用"剃刀"工具 将前 4 段视频尾部重合的部分截断，如图 5-10 所示。

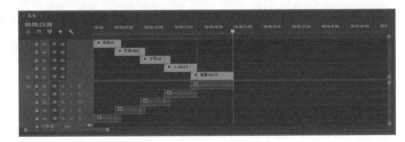

图5-10

03 分别给 4 段视频截断的部分添加"视频过渡" > "过渡" > "渐变擦除"效果，如图 5-11 所示。

图5-11

04 选中第一段截断部分的视频，打开"效果控件"面板，将时间针拖至最前端，单击"渐变擦除"选项下的"过渡完成"前面的"效果切换"按钮 ，然后将时间针拖至最末端，将"过渡完成"参数调整为 100%，将"过渡柔和度"参数调整为 10%，如图 5-12 所示。

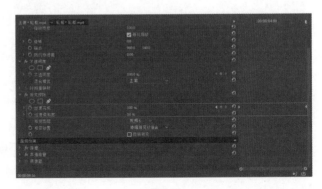

图5-12

05 按照"步骤 05"的方法依次给截断部分的视频设置"渐变擦除"的参数，如图 5-13 所示。

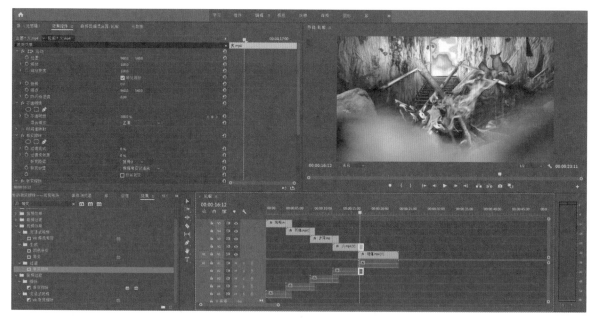

图5-13

06 将背景音乐调至合适位置，最终案例效果如图 5-14 所示。

图5-14

知识拓展

• 设置好第一个"渐变擦除"的参数后，后面的 3 个直接复制即可。

5.3 电影回忆转场——湍流置换

在影视作品中回忆转场是常用的剧情过渡技巧，具有说明、补充故事情节的作用。

- 要点提示：湍流置换、交叉溶解
- 素材路径：素材 \ 第 5 章 \5.3
- 在线视频：第 5 章 \5.3 电影回忆转场——湍流置换
- 应用场景：回忆场景
- 魅力指数：★★★★

---

01 将"遥望""幸福"素材和音乐素材导入素材箱，然后将素材拖至时间轴，如图 5-15 所示。

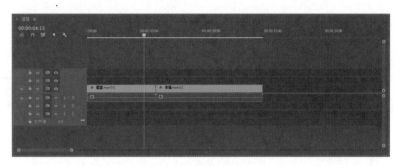

图5-15

02 选择"视频过渡" > "溶解" > "交叉溶解"效果，添加到两段素材之间，如图 5-16 所示。

图5-16

03 新建"调整图层"，将"调整图层"拖至 V2 轨道，并将时间长度调整至与"交叉溶解"效果相同，如图 5-17 所示。

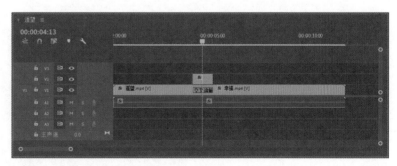

图5-17

04 选择"视频效果" > "颜色校正" > "Lumetri 颜色"效果，添加至"调整图层"素材，如图 5-18 所示。

图5-18

05 选中"调整图层",打开"效果控件"面板,移动时间针至两视频中间位置,单击"Lumetri 颜色">"基本校正">"色调">"曝光"前面的"切换动画"按钮，将"曝光"参数调整为 3.0,如图 5-19 所示。

图5-19

06 将时间针移至"调整图层"的两端位置,分别将"曝光"参数调整为 0,如图 5-20 所示。

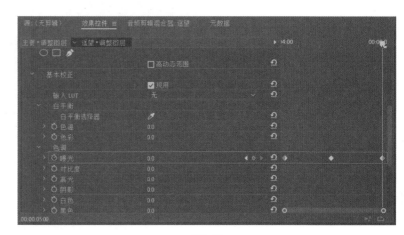

图5-20

07 再次选中"调整图层"素材，在按住 Alt 键的同时将其拖至 V3 轨道复制一份，时间长度与 V2 轨道"调整图层"一致，如图 5-21 所示。

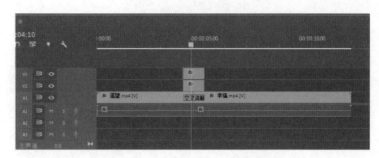

图5-21

08 添加"视频效果" > "扭曲" > "湍流置换"效果至 V3 轨道"调整图层"，如图 5-22 所示。

图5-22

09 选中 V3 轨道"调整图层"，打开"效果控件"面板，调整"湍流置换"选项下的参数，"置换"选项调整为"扭转较平滑"，移动时间针至两视频中间位置，单击"数量"前面的"切换动画"按钮 ，将参数调整为 25.0，然后按左方向键将时间针向前移动 10 帧，将"数量"参数调整为 0，如图 5-23 所示。

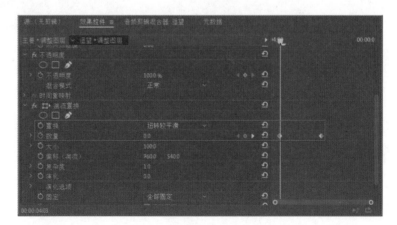

图5-23

10 再将时间针移至两视频中间位置，然后按右方向键将时间针向后移动 10 帧，将"数量"参数调整为 0，如图 5-24 所示。

图5-24

11 将背景音乐调整至合适位
置并添加转场音效，最终案例
效果如图 5-25 所示。

知识拓展

• 由于"湍流置换"效果运算量
较大，预览时可能会出现卡顿
现象，可以提前渲染再预览转
场效果。

图5-25

5.4 人物与背景分离转场——亮度键

亮度键的作用就是分离画面中亮部和暗部的区域，通过较高的亮度反差实现主体与背景的分离。

• 要点提示：亮度键参数　　　　　• 在线视频：第 5 章 \5.4 人物与背景分离转场——亮度键

• 素材路径：素材 \ 第 5 章 \5.4　　　• 应用场景：亮度差较大的场景　　　　　　　　• 魅力指数：★ ★ ★ ★

01 将"思考""沙滩"素材和音乐素材导入素材箱，然后将素材拖至时间轴，放置位置如图5-26所示。

图5-26

02 在两段视频开始重叠的位置将"思考"素材截断，截取重叠部分素材，然后给该部分素材添加"视频效果" >
"键控" > "亮度键"效果，如图5-27所示。

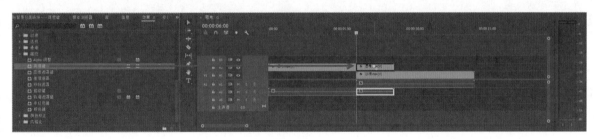

图5-27

03 选中截取部分素材，打开"效果控件"面板，将"亮度键"选项下的"阈值"参数调整为0，如图5-28所示。

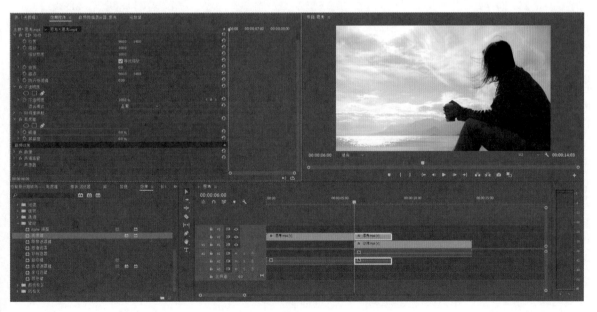

图5-28

04 将时间针移至截取部分的开始位置，分别单击"亮度键"选项下的"阈值"和"屏蔽度"前面的"切换动画"
按钮◎，如图 5-29 所示。

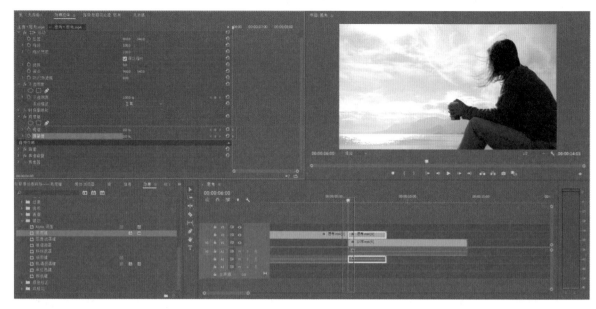

图5-29

05 将时间针移至截取部分的三分之二的位置，将"亮度键"选项下的"阈值"参数调整为 46%，将"屏蔽度"
参数调整为 60%，如图 5-30 所示。

图5-30

06 将时间针放置在截取部分最后 10 帧的范围内，将"不透明度"参数从 100% 调整至 0，如图 5-31 所示。

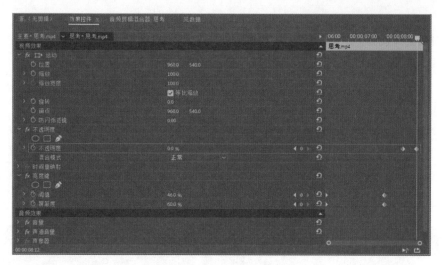

图5-31

07 为了使过渡效果更加自然，选中所有关键帧右键单击，然后选择"自动贝塞尔曲线"选项，如图5-32所示。

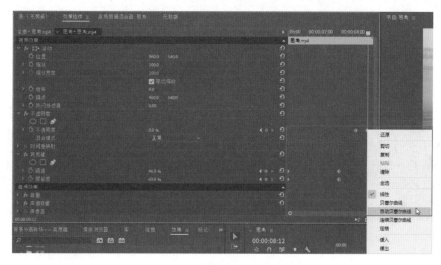

图5-32

08 将背景音乐调整至合适位置，最终案例效果如图 5-33 所示。

知识拓展

• 由于每段视频的亮度反差不同，"阈值"和"屏蔽度"的数值需要根据实际情况调整。

图5-33

5.5 神秘仪式感的溶解转场——差值遮罩

溶解转场主要通过"差值遮罩"中"容差"参数的改变，来使两段画面进行融合度较强的过渡。

- 要点提示：差值遮罩
- 素材路径：素材 \ 第 5 章 \5.5
- 在线视频：第 5 章 \5.5 神秘仪式感的溶解转场——差值遮罩
- 应用场景：画面相似的场景
- 魅力指数：★★★★

01 将"街道""建筑塔"素材和音乐素材导入素材箱，然后将素材拖至时间轴，如图 5-34 所示。

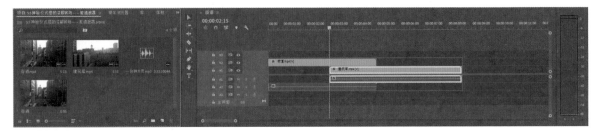

图5-34

02 将"视频效果" > "键控" > "差值遮罩"效果添加至"街道"素材，如图 5-35 所示。

图5-35

03 选中"街道"素材，打开"效果控件"面板，将"差值遮罩"选项下的"差值图层"选项调整为"视频 1"，"匹配容差"参数调整为 0，"匹配柔和度"参数调整为 0，如图 5-36 所示。

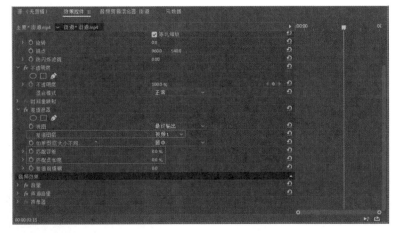

图5-36

04 将时间针移至"建筑塔"素材
开始的位置，选中"街道"素材，
在"效果控件"面板内，单击"匹配
容差"前面的"切换动画"按钮 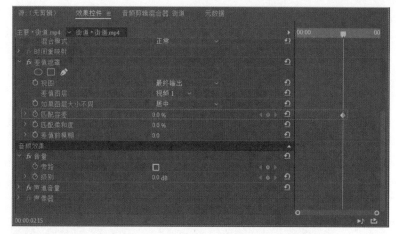，
如图 5-37 所示。

图5-37

05 将时间针移至"街道"素材
的结束位置，然后将"差值遮罩"
选项下的"匹配容差"参数调整为
100%，如图 5-38 所示。

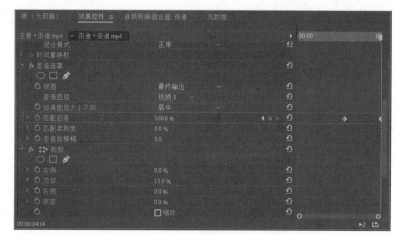

图5-38

06 将背景音乐调整至合适位置，最终案例效果如图 5-39 所示。

图5-39

5.6 动感的方向偏移转场——偏移

让两段画面在同一方向上做快速的位置移动，这种镜头切换的方式叫作偏移转场。

- 要点提示：偏移、方向模糊
- 在线视频：第 5 章 \5.6 动感的方向偏移转场——偏移
- 素材路径：素材 \ 第 5 章 \5.6
- 应用场景：镜头切换
- 魅力指数：★ ★ ★ ★

---

01 将"骰子""招财猫"素材和音乐素材导入素材箱，然后将素材拖至时间轴，如图 5-40 所示。

图5-40

02 新建"调整图层"，然后将其拖至 V2 轨道横跨两段视频素材，放置位置如图 5-41 所示。

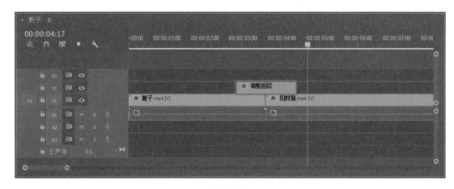

图5-41

03 添加"视频效果" > "扭曲" > "偏移"效果至"调整图层"素材，如图 5-42 所示。

图5-42

04 选中"调整图层"素材，打开"效果控件"面板，移动时间针至"调整图层"靠前的位置，然后单击"偏移"选项下的"将中心移位至"前面的"切换效果"按钮，如图 5-43 所示。

图5-43

05 移动时间针至"调整图层"靠后的位置，将"偏移"选项下的"将中心移位至"代表 x 轴的参数调整为原始参数的 5 倍，也就是 4800.0，如图 5-44 所示。

图5-44

06 时间针位置保持不动，将"偏移"选项下的"将中心移位至"代表 y 轴的参数调整为原始参数的 3 倍，也就是 1620.0，如图 5-45 所示。

图5-45

07 完成上述操作后"效果控件"
面板上出现一左一右两个关键帧,
选中第一个关键帧右键单击,选择
"临时差值">"缓出"选项,然
后打开"将中心移位至"前面的下
拉箭头,如图5-46所示。

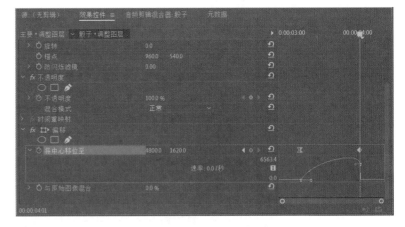

图5-46

08 选中第二个关键帧右键单击,
选择"临时差值">"缓入"选项,
如图5-47所示。

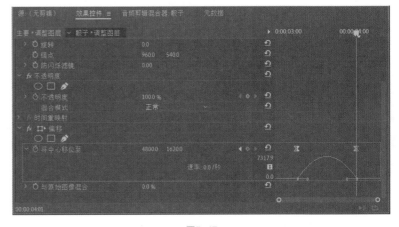

图5-47

09 将时间针移至两段视频之间，
然后拖动"缓入"和"缓出"的"小
摇杆"■，使其呈现一个山峰形状，
如图 5-48 所示。

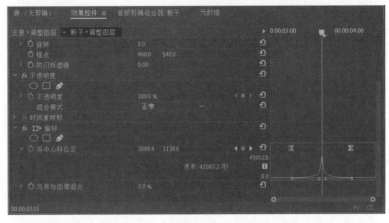

图5-48

10 给"调整图层"添加"视频效
果">"模糊与锐化">"方向模
糊"效果，然后打开"效果控件"
面板将"方向模糊"选项下的"方
向"数值调整为 -60.0°。单击"模
糊长度"前面的"切换动画"按钮
■，将参数调整为 40.0，然后将时
间针分别移至两端，将"模糊长度"
参数都调整为 0，如图 5-49 所示。

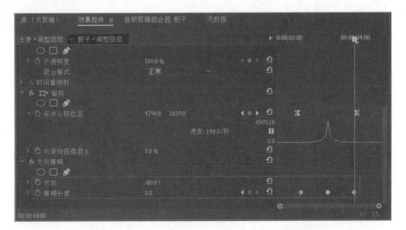

图5-49

11 将背景音乐和转场音效调整至合适位置，最终案例效果如图 5-50 所示。

图5-50

5.7 光影模糊转场——高斯模糊

在两段画面切换时融入模糊和曝光效果，会使镜头过渡显得更加流畅。

- 要点提示：混合模式
- 素材路径：素材 \ 第 5 章 \5.7
- 在线视频：第 5 章 \5.7 光影模糊转场——高斯模糊
- 应用场景：镜头切换
- 魅力指数：★ ★ ★ ★

01 将"街边""金毛"素材和音乐素材导入素材箱，然后将素材拖至时间轴，如图 5-51 所示。

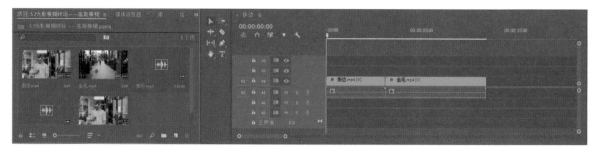

图5-51

02 新建"调整图层"，然后将其拖至 V2 轨道横跨两段视频素材，如图 5-52 所示。

图5-52

03 添加"视频效果" > "模糊与锐化" > "高斯模糊"效果至"调整图层"素材，如图 5-53 所示。

图5-53

04 选中"调整图层"然后打开"效果控件"面板，将时间针移至两段视频的中间位置，单击"高斯模糊"选项下的"模糊度"前面的"切换效果"按钮，将"模糊度"参数调整为50.0，如图5-54所示。

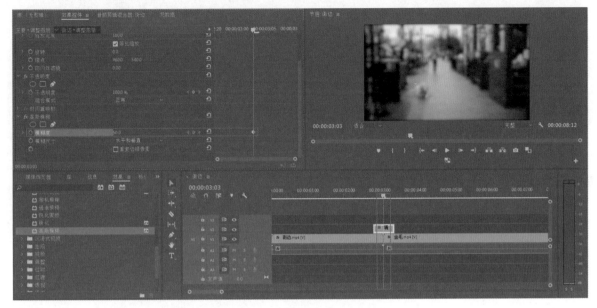

图5-54

05 移动时间针至"调整图层"靠前的位置，然后将"模糊度"参数调整为0，如图5-55所示。

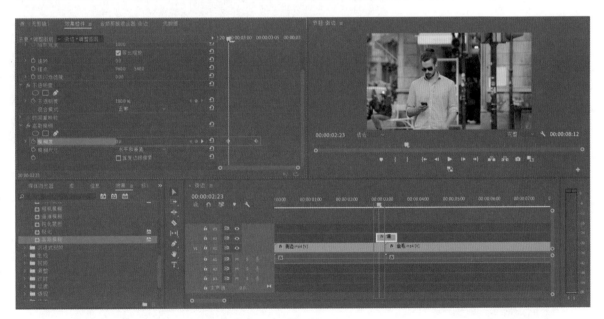

图5-55

06 移动时间针至"调整图层"靠后的位置，然后将"模糊度"参数调整为0，完成上达操作后，面板中出现3个关键帧，如图5-56所示。

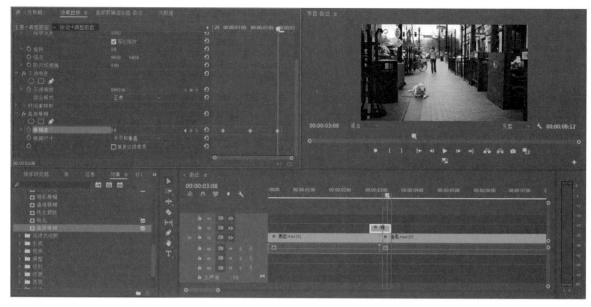

图5-56

07 适当调整"调整图层"和关键帧的长度，如图 5-57 所示。

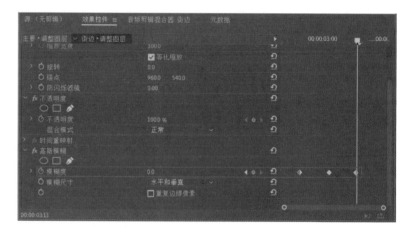

图5-57

08 按住 Alt 键向上拖动"调整图层"素材，复制"调整图层"，如图 5-58 所示。

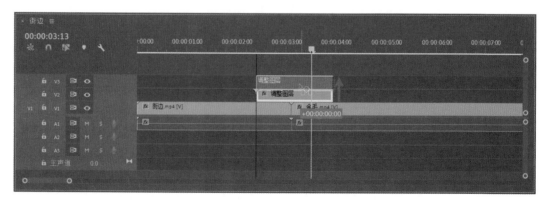

图5-58

09 选中复制得到的"调整图层"素材,在"效果控件"面板中,将"不透明度"选项下的"混合模式"设置为"颜色减淡",如图5-59所示。

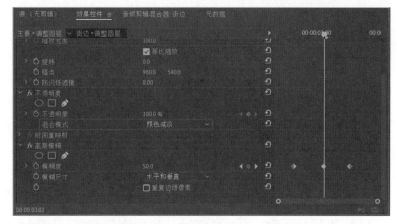

图5-59

10 单击"不透明度"前面的"切换效果"按钮,然后将时间针分别移至前后各一次,将"不透明度"参数都调整为0,如图5-60所示。

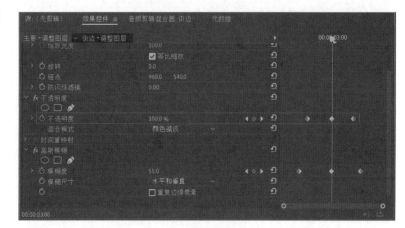

图5-60

11 将背景音乐和转场音效调整至合适位置,最终案例效果如图5-61所示。

图5-61

5.8 方向模糊转场——方向模糊

使用方向模糊转场时，对镜头内容的要求有：主体形状相似、运动轨迹一致、拍摄角度相同等条件。

- 要点提示：方向模糊、交叉溶解
- 素材路径：素材 \ 第 5 章 \5.8
- 在线视频：第 5 章 \5.8 方向模糊转场——方向模糊
- 应用场景：运动镜头转场
- 魅力指数：★ ★ ★

01 将"旅途""田野"素材和音乐素材导入素材箱，然后将素材拖至时间轴，如图 5-62 所示。

图5-62

02 打开"效果"面板，添加"视频过渡" > "缩放" > "交叉缩放"效果至两段素材之间，如图 5-63 所示。

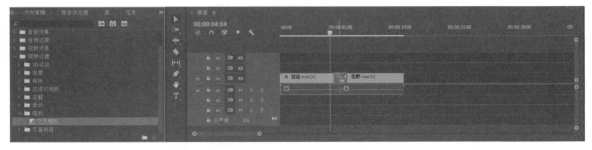

图5-63

03 新建"调整图层"然后将其拖至 V2 轨道横跨两段视频素材，如图 5-64 所示。

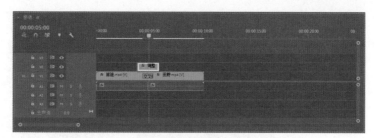

图5-64

04 添加"视频效果">"模糊与锐化">"方向模糊"效果至"调整图层"素材，如图 5-65 所示。

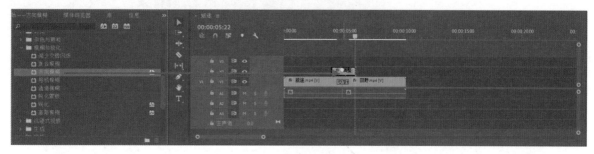

图5-65

05 选中"调整图层"素材，打开"效果控件"面板，将时间针移至两段视频中间位置，单击"方向模糊"选项下的"模糊长度"前面的"切换动画"按钮 ，并将"模糊长度"参数调整为 60.0，如图 5-66 所示。

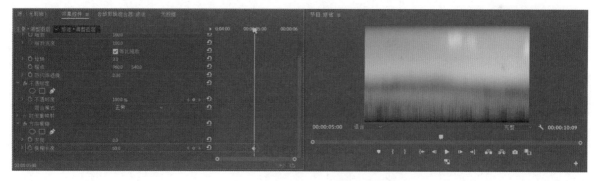

图5-66

06 移动时间针分别至"调整图层"的前后两端，并将"模糊长度"参数都调整为 0，如图 5-67 所示。

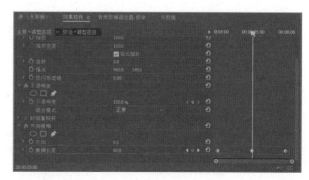

图5-67

07 将 "方向模糊" 选项下的 "方向" 参数调整为 90.0，如图 5-68 所示。

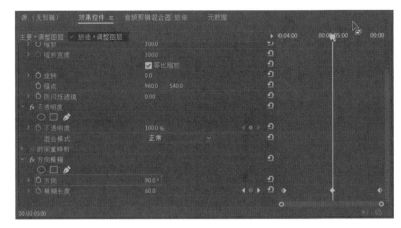

图5-68

08 将背景音乐和转场音效调整至合适位置，最终案例效果如图 5-69 所示。

图5-69

5.9 画面分割转场——裁剪

将镜头从任意位置分割并划出画面外，然后出现下一个镜头的转场方式叫作分割转场。

● 要点提示：裁剪　　　　　　　　● 在线视频：第 5 章 \5.9 画面分割转场——裁剪

● 素材路径：素材 \ 第 5 章 \5.9　　● 应用场景：镜头切换　　　　　　● 魅力指数：★ ★ ★ ★

01 将"火（一）""火（二）"素材和音乐素材导入素材箱，然后将素材拖至时间轴，如图5-70所示。

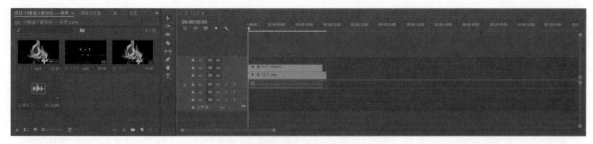

图5-70

02 选中"火（一）"素材按住
Alt 键然后向上拖曳至 V3 轨道即可
复制素材，如图5-71所示。

图5-71

03 把 V3 轨道的"切换轨道输出" 关闭，给 V2 轨道素材添加"视频效果" > "变换" > "裁剪"效果，如图5-72
所示。

图5-72

04 选中 V2 轨道素材，将时间针
移至 5 秒 20 帧的位置，打开"效
果控件"面板单击"裁剪"选项下
的"左侧"前面的"切换动画"按
钮 ，然后将时间针移至 6 秒 15
帧位置，将"左侧"参数调整为
100.0%，最后将"顶部"参数调整
为 50.0%，如图 5-73 所示。

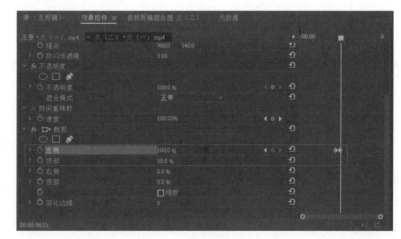

图5-73

05 将 V2 轨道的"切换轨道输出"关闭，打开 V3 轨道的"切换轨道输出"，给 V3 轨道素材添加"视频效果">"变换">"裁剪"效果，如图 5-74 所示。

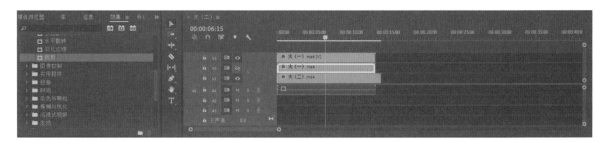

图5-74

06 选中 V3 轨道的"火（一）"素材，将时间针移至 5 秒 20 帧的位置，打开"效果控件"面板单击"裁剪"选项下的"右侧"前面的"切换动画"按钮，然后将时间针移至 6 秒 15 帧位置，将"右侧"参数调整为 100.0%，最后将"底部"参数调整为 50.0%，如图 5-75 所示。

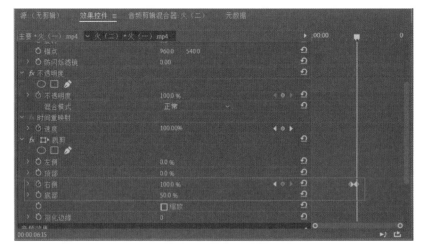

图5-75

07 将 V2 轨道的"切换轨道输出"打开，适当调整 V2、V3 轨道素材的位置，如图 5-76 所示。

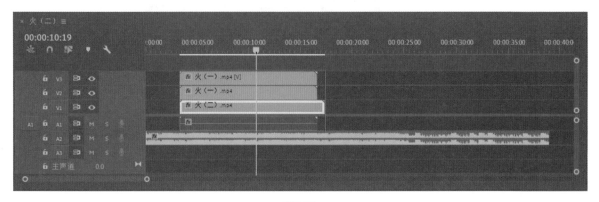

图5-76

08 将背景音乐调整至合适位置，最终案例效果如图 5-77 所示。

图5-77

5.10 信号干扰失真转场——混合模式

信号干扰转场的制作原理是添加带有干扰元素的视频素材，通过调整视频的混合模式完成镜头之间的切换。

• 要点提示：混合模式 　　• 在线视频：第 5 章 \5.10 信号干扰失真转场——混合模式
• 素材路径：素材 \ 第 5 章 \5.10 　　• 应用场景：复古风格画面 　　　　　　　　　　• 魅力指数：★★★

01 将"遛狗""追逐"素材和音乐素材导入素材箱，然后将素材拖至时间轴，如图 5-78 所示。

图5-78

02 将"信号干扰"素材拖至 V2 轨道横跨 V1 轨道中的两段视频素材，如图 5-79 所示。

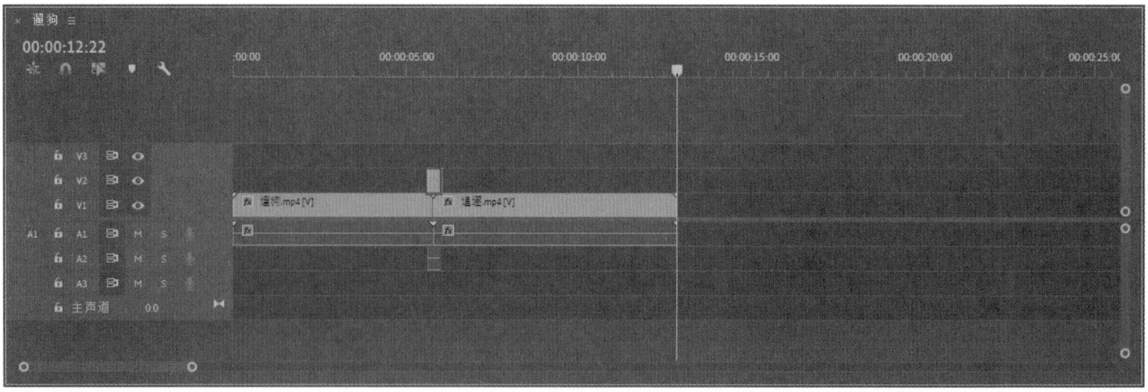

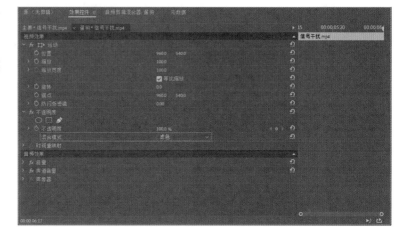

图5-79

03 选中"信号干扰"素材，打开"效果控件"面板将"不透明度"选项下的"混合模式"选项改为"滤色"，如图 5-80 所示。

图5-80

04 将背景音乐和音效调整至合适位置，最终案例效果如图 5-81 所示。

图5-81

实战练习：多样式转场

使用"5.2""5.4""5.5"节中的转场类型，制作一组完整的转场效果。

- 操作提示：多种转场结合使用　　• 强化技能：视频转场　　• 难度指数：★★★
- 素材路径：素材\第5章\实战练习

转场效果最终效果如图 5-82 所示。

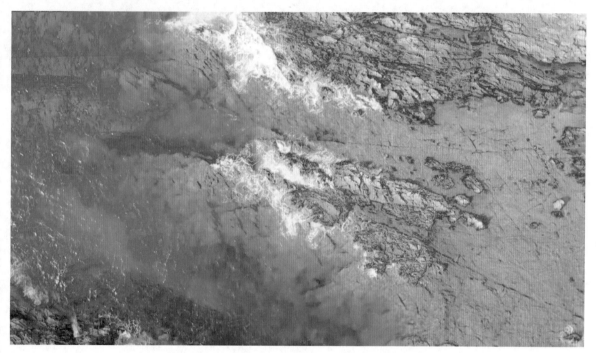

图5-82

第 6 章

创意类转场

在常规类转场的基础上本章讲解创意类转场，相对于常规转场来讲，创意类转场的区别在于转场效果的开放性。读者在学习过程中需要结合实际画面中的元素，例如形状、色彩、明暗对比等做出具有创意性的转场方式，同时通过对蒙版以及运动参数的灵活运用达到意想不到的转场效果。

6.1 由画面到瞳孔的穿越转场——蒙版

以人物瞳孔作为中心点展现过渡镜头的画面内容，这种转场方式具有极强的代入感并富有创意。

- 要点提示：蒙版路径关键帧
- 素材路径：素材 \ 第 6 章 \6.1
- 在线视频：第 6 章 \6.1 由画面到瞳孔的穿越转场——蒙版
- 应用场景：跨越性场景
- 魅力指数：★★★★★

01 将"彩霞""眼睛"素材和音乐素材导入素材箱，然后将素材依次拖至时间轴，如图 6-1 所示。

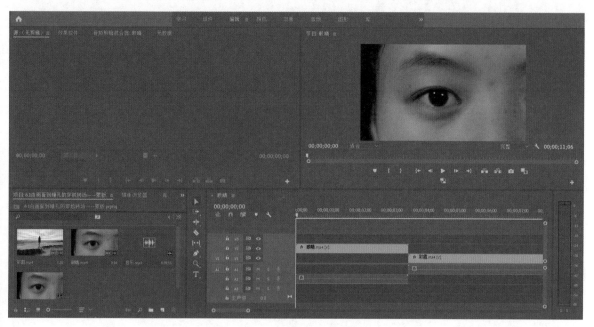

图6-1

02 打开"效果"面板，将"视频效果" > "扭曲" > "变换"效果添加至"眼睛"素材，如图 6-2 所示。

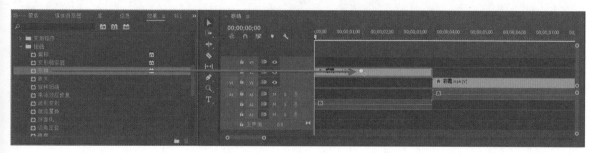

图6-2

03 为了便于操作先将"节目"窗口下的"缩放级别"参数调整为 100%，单击"效果控件"面板下的"变换"选项中的"创建椭圆形蒙版"按钮 ，画出"眼睛"素材的蒙版路径，将蒙版路径调整至和瞳孔大小相近，如图 6-3 所示。

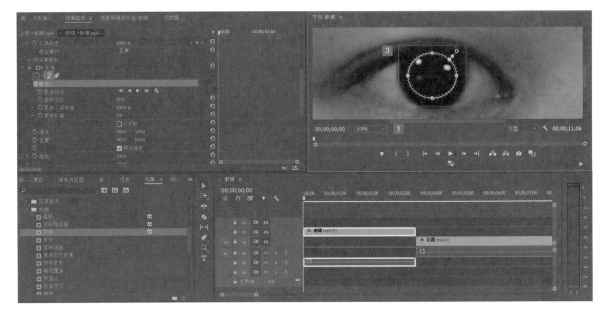

图6-3

04 蒙版路径调整好之后，开始对蒙版路径进行逐帧跟踪，单击"效果控件"面板下的"变换"选项中"蒙版路径"前面的"切换动画"按钮，然后按右方向键一次，重新微调蒙版路径的位置使其始终保持在瞳孔中间的位置，如图 6-4 所示。

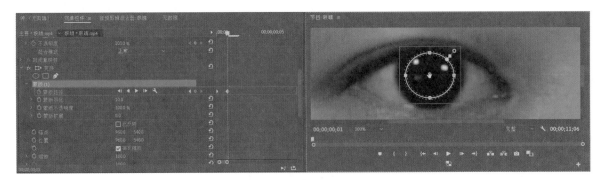

图6-4

要点提示

（1）如果在打完关键帧之后蒙版路径消失，单击"效果控件"面板下的"蒙版（1）"选项即可显示。

（2）在移动关键帧时需要在"效果控件"面板激活的状态下完成操作。

05 重复蒙版路径逐帧跟踪步骤，按键盘的右方向键一次，然后微调蒙版路径的位置使其始终保持在瞳孔中间的位置，直到眼睛闭合，蒙版路径重合为一条直线，如图 6-5 所示。

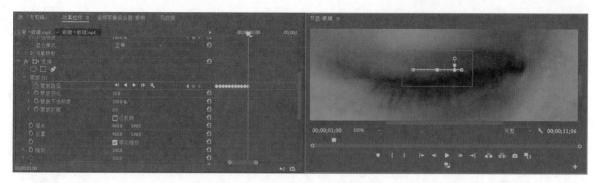

图6-5

06 蒙版路径跟踪完成后，将"缩放级别"调整为"适合"，再将"效果控件"面板中的"蒙版羽化"参数调整为 35.0，如图 6-6 所示。

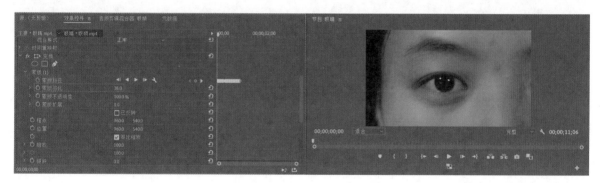

图6-6

07 将"彩霞"素材拖至开始位置与"眼睛"素材对齐，然后选中"眼睛素材"将"效果控件"面板下的"变换"选项下的"不透明度"参数调整为 0，如图 6-7 所示。

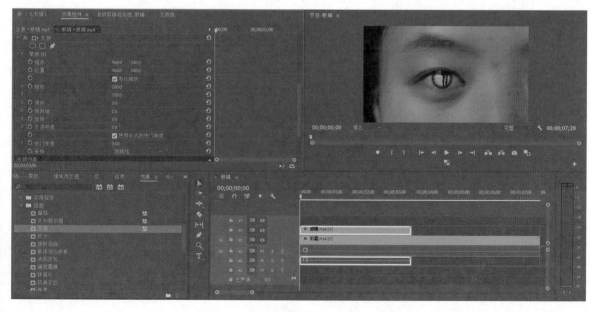

图6-7

08 将 "眼睛" 素材以瞳孔为中心放大, 直到 "彩霞" 素材完全显示, 然后将 "眼睛" 素材向后拖动至 24 帧的位置, 如图 6-8 所示。

图6-8

09 将时间针移至 "眼睛" 素材开始的位置单击 "效果控件" 面板下 "运动" 选项下的 "位置" 和 "缩放" 前面的 "切换动画" 按钮 🔘, 然后将时间针移至 1 秒 05 帧的位置单击 "重置参数" 按钮 🔄, 如图 6-9 所示。

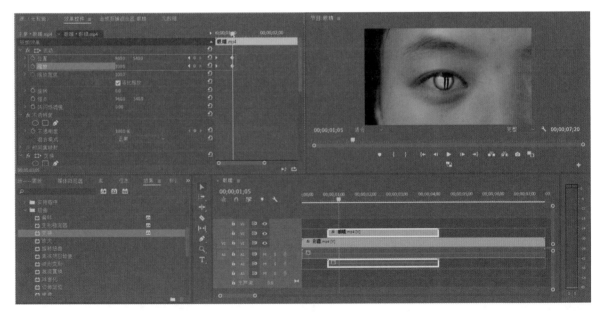

图6-9

10 将时间针移至 "眼睛" 素材开始的位置, 选中 "彩霞" 素材打开 "效果控件" 面板, 单击 "效果控件" 面板下 "运动" 选项下的 "位置" 和 "缩放" 前面的 "切换动画" 按钮 🔘, 并将 "缩放" 参数调整为 190.0, 如图 6-10 所示。

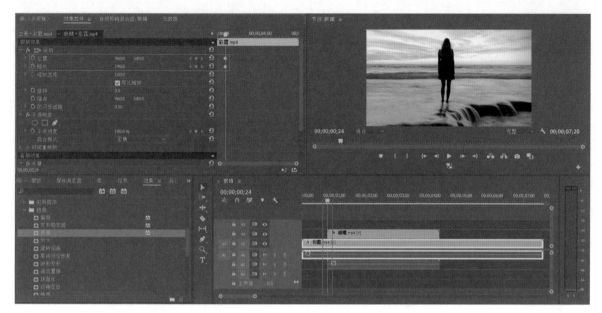

图6-10

11 将时间针移至 1 秒 05 帧的位置，将"效果控件"面板中"变换"选项下的"位置"参数调整为 920.0
640.0，"缩放"参数调整为 60.0，如图 6-11 所示。

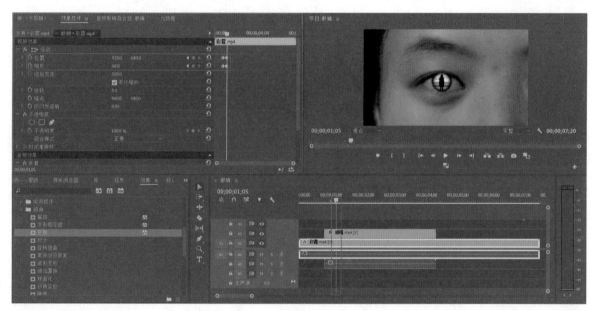

图6-11

12 给"彩霞"素材添加"视频效果">"扭曲">"变换"效果，将"效果控件"面板中"变换"选项下"使
用合成的快门角度"前面的"对号"去掉，"快门角度"参数调整为 360.0。"眼睛"素材也做同样的操作，
如图 6-12 所示。

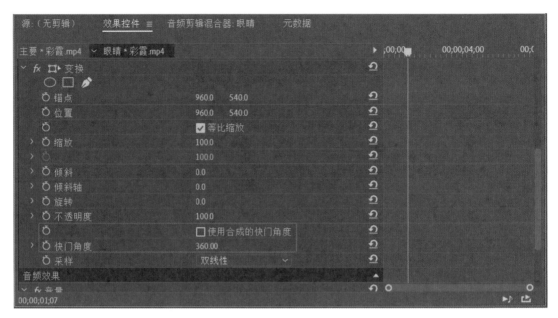

图6-12

13 将背景音乐调整至合适位置，最终案例效果如图 6-13 所示。

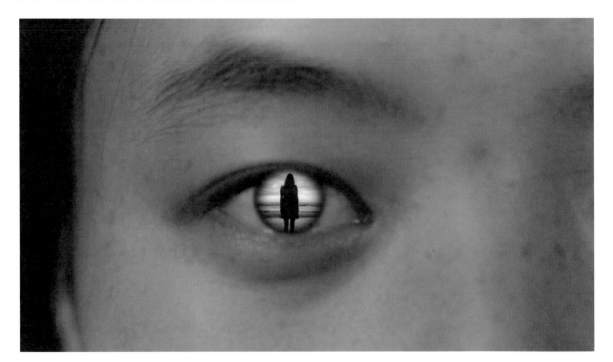

图6-13

知识拓展

- 在做蒙版路径跟踪步骤时需要在"效果控件"面板和"节目"窗口进行重复切换。
- 在选中"节目"窗口的状态下，鼠标滚轮也可以控制时间针的移动，需要控制好滚动的力度。

6.2 通往星空的马路创意转场——渐变擦除

通过对两个不同镜头重新组合的过程，得到超现实的转场效果。

• 要点提示：渐变擦除   • 在线视频：第 6 章 \6.2 通往星空的马路创意转场——渐变擦除
• 素材路径：素材 \ 第 6 章 \6.2   • 应用场景：有一定关联性的画面   • 魅力指数：★ ★ ★ ★

01 将"沙漠""银河"素材和音乐素材导入素材箱，然后将两段素材拖至时间轴，如图 6-14 所示。

图6-14

02 先将"沙漠"素材中的"马路"边缘用蒙版路径画出来，打开"效果"面板，添加"视频效果" > "过渡" > "渐变擦除"效果至"沙漠"素材，如图 6-15 所示。

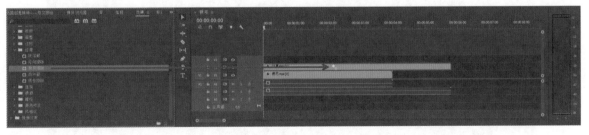

图6-15

03 将时间针移至开始位置，打开"效果控件"面板，单击"渐变擦除"选项下的"自由绘制贝赛尔曲线"按钮 ，在"节目"窗口沿马路边缘绘制蒙版路径，为了便于操作可以切换"缩放级别"进行细节绘制，如图 6-16 所示。

图6-16

04 蒙版路径调整好之后，开始对蒙版路径进行逐帧跟踪，在"效果控件"面板中，单击"渐变擦除"选项中"蒙
版路径"前面的"切换动画"按钮，然后按右方向键一次，重新微调蒙版路径的位置使其始终保持在马路边缘，
如图 6-17 所示。

图6-17

要点提示

（1）如果在打完关键帧之后蒙版路径消失，单击"蒙版（1）"选项即可显示。
（2）在移动关键帧时需要在"效果控件"面板激活的状态下完成操作。

05 重复蒙版路径逐帧跟踪步骤，按右方向键一次，然后微调蒙版路径的位置使其始终保持在马路边缘，直到"沙
漠"素材全部跟踪完成，如图 6-18 所示。

图6-18

06 选中"沙漠"素材打开"效果控件"面板，将"蒙版羽化"参数调整为25.0，单击"已反转"前面的矩形框，将"过渡柔和度"参数调整为40.0%，勾选"反转渐变"，如图6-19所示。

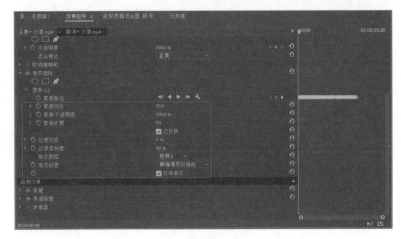

图6-19

07 蒙版参数调整好之后开始给"过渡完成"打关键帧。将时间针移至开始位置，单击"过渡完成"前面的"切换动画"按钮，然后将时间针移至1秒10帧的位置将"过渡完成"参数调整为100.0%，如图6-20所示。

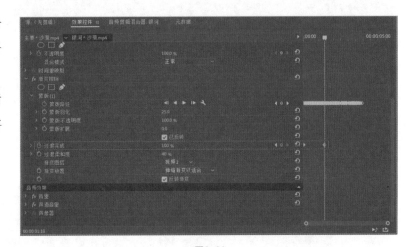

图6-20

08 将背景音乐调整至合适位置，最终案例效果如图6-21所示。

图6-21

6.3 仪式感无缝遮罩转场——蒙版

遮罩转场是目前短视频中最常见的转场方式之一，其原理是将穿过整个画面的物体边缘作为下一个画面出现的起始点。

- 要点提示：蒙版路径
- 素材路径：素材 \ 第 6 章 \6.3
- 在线视频：第 6 章 \6.3 仪式感无缝遮罩转场——蒙版
- 应用场景：镜头切换
- 魅力指数：★★★★★

01 将"小河""建筑"素材和音乐素材导入素材箱，然后将素材分别拖至时间轴，如图 6-22 所示。

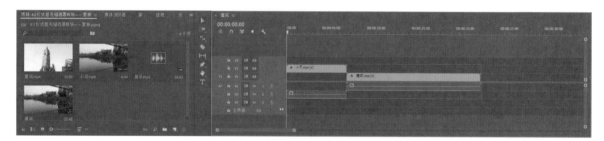

图6-22

02 将时间针移至 2 秒 18 帧的位置，也就是画面中"栏杆"上边缘开始划过整个画面的位置，如图 6-23 所示。

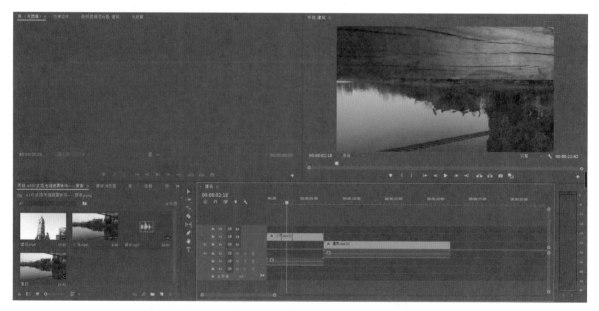

图6-23

03 选中"小河"素材打开"效果控件"面板，单击"不透明度"选项下的"自由绘制贝塞尔曲线"按钮，将"栏杆"上边缘以外的部分圈出，然后单击"已反转"前面的矩形框，为了便于调整将"节目"窗口的"缩放级别"参数调整至 100%，如图 6-24 所示。

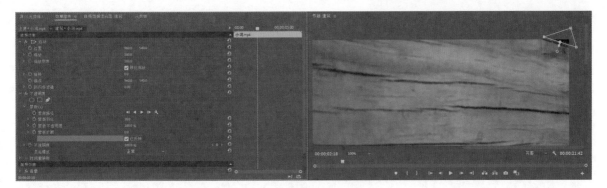

图6-24

04 蒙版选区确定好之后，开始对蒙版路径进行逐帧跟踪，单击"蒙版路径"前面的"切换动画"按钮◎，然后按键盘的右方向键一次，重新调整蒙版路径的位置使其始终保持框选"栏杆"上边缘以外的部分，如图 6-25所示。

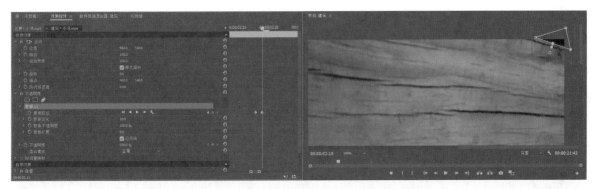

图6-25

要点提示

（1）如果在打完关键帧之后蒙版路径消失，单击"蒙版（1）"选项即可显示。

（2）在移动关键帧时需要在"效果控件"面板激活的状态下完成操作。

05 重复蒙版路径逐帧跟踪步骤，按键盘的右方向键一次，然后调整蒙版路径的位置使其始终保持框选"栏杆"上边缘以外的部分，直到"栏杆"边缘全部走出画面，如图 6-26 所示。

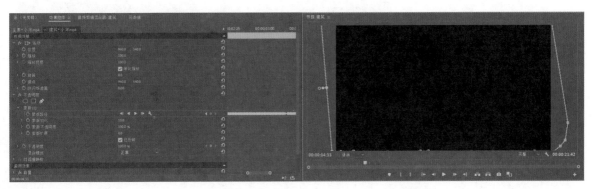

图6-26

06 为了使 2 秒 18 帧之前的画面的内容不受蒙版的影响，将时间针移至第一个跟踪的关键帧的位置，然后按键盘的左方向键一次，将蒙版路径移除画面外，如图 6-27 所示。

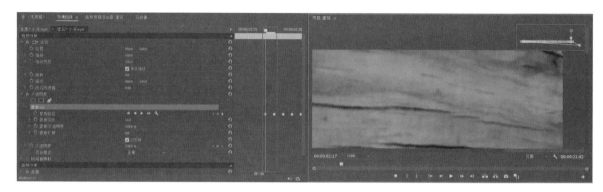

图6-27

07 将"建筑"素材移至开始位置与"小河"素材对齐，选中"小河"素材打开"效果控件"面板，根据所画蒙版路径的实际情况调整"蒙版扩展"的参数，匹配蒙版选区与"栏杆"边缘的位置关系，使过渡效果更为流畅，如图 6-28 所示。

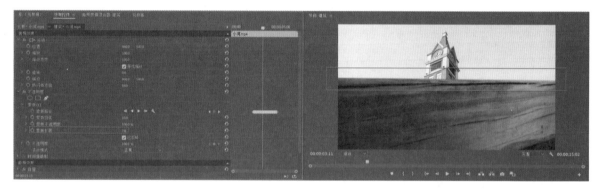

图6-28

08 为了便于调整视频和音乐的节奏匹配，将视频素材进行嵌套，选中"小河"和"建筑"素材右键单击选择"嵌套"选项，如图 6-29 所示。

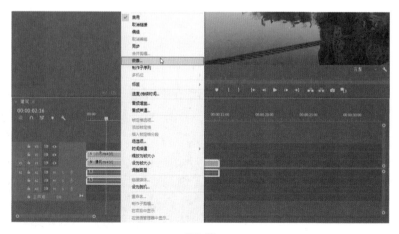

图6-29

09 将音乐素材拖至时间轴并调整视频位置，如图 6-30 所示。

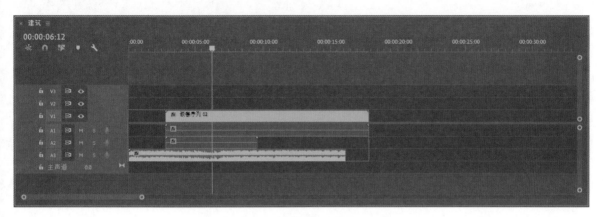

图6-30

10 右键单击"嵌套序列"4 个字前面的"fx" fx ，选择"时间重映射">"速度"选项，如图 6-31 所示。

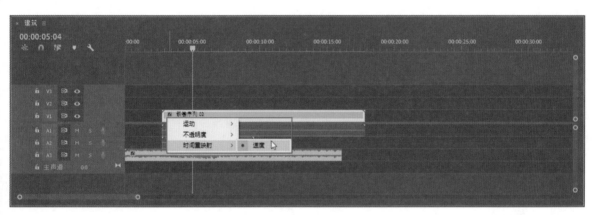

图6-31

11 执行完上述操作后，素材中会出现"速度线"，在按住 Ctrl 键的同时，单击"速度线"可以给视频素材添加速度关键帧，上下移动"速度线"可以调整视频速度的快慢，下面根据音乐节奏调整视频的速度，如图 6-32 所示。

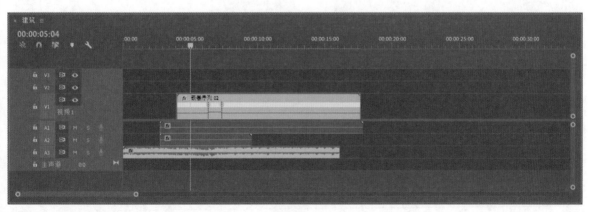

图6-32

12 最终案例效果，如图 6-33 所示。

图6-33

6.4 水墨笔刷转场——轨道遮罩键

使用毛笔笔刷划过的形式进行镜头之间的切换，称为"笔刷转场"。

● 要点提示：轨道遮罩键　　　　　　● 在线视频：第 6 章 \6.4 水墨笔刷转场——轨道遮罩键

● 素材路径：素材 \ 第 6 章 \6.4　　● 应用场景：有意境氛围的场景　　　　　　● 魅力指数：★★★★

01 将"山谷""松枝""水墨"素材和音乐素材导入素材箱，然后将 3 段视频素材按顺序拖至时间轴，排列顺序如图 6-34 所示。

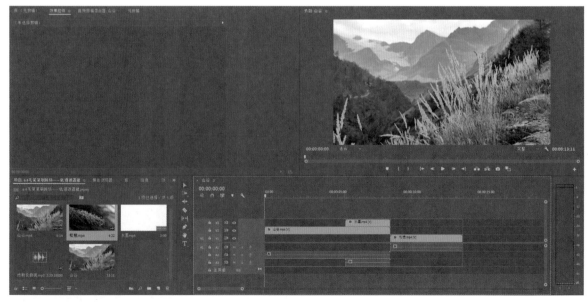

图6-34

02 将时间针移至"水墨"素材开始的位置，单击"剃刀工具"按钮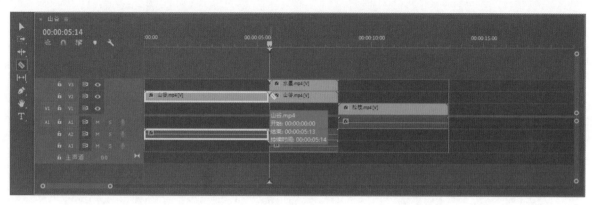，将"山谷"素材截断，如图6-35所示。

图6-35

03 打开"效果"面板，添加"视频效果">"键控">"轨道遮罩键"至"山谷"素材，如图6-36所示。

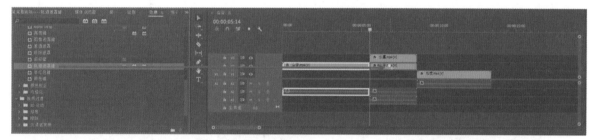

图6-36

04 选中截断后的"山谷"素材，打开"效果控件"面板，将"轨道遮罩键"选项下的"遮罩"选项改为"视频3"，"合成方式"选项改为"亮度遮罩"，如图6-37所示。

图6-37

05 将"松枝"素材与"水墨"素材对齐，如图 6-38 所示。

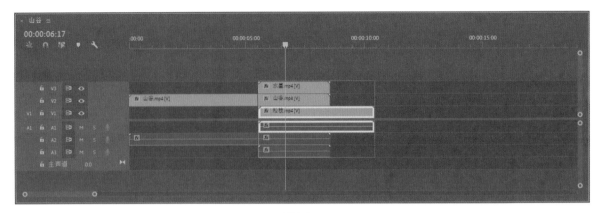

图6-38

06 将背景音乐调整至合适位置，最终案例效果如图 6-39 所示。

图6-39

6.5 局部到整体扩展转场——蒙版

在镜头切换时先出现下一个视频的主体部分，然后由主体逐渐扩展到整体画面的效果，称为"扩展转场"。

- 要点提示：导出帧功能
- 素材路径：素材 \ 第 6 章 \6.5
- 在线视频：第 6 章 \6.5 局部到整体扩展转场——蒙版
- 应用场景：局部扩展
- 魅力指数：★ ★ ★ ★

---

01 将"海滩""黄发美女"素材和音乐素材导入素材箱，然后将两段视频素材按顺序拖至时间轴，排列顺序如图 6-40 所示。

图6-40

02 按快捷键 + 键放大时间轴，将时间针移至"黄发美女"素材的第一帧位置，如图 6-41 所示。

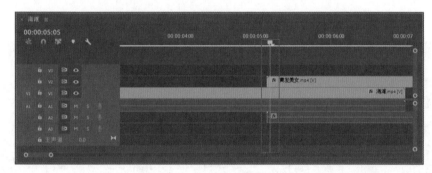

图6-41

03 单击"节目"窗口的"导出帧"按钮，导出格式设置为 JPEG，自定义选择保存文件夹，设置完成后单击"确定"按钮，将"黄发美女"素材的第一帧画面以图片的形式导出，如图 6-42 所示。

图6-42

04 将保存的图片导入"素材箱"，然后拖至 V3 轨道，与"黄发美女"素材的前一帧画面重合，如图 6-43 所示。

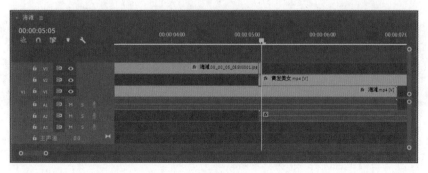

图6-43

05 将时间针移至 4 秒 15 帧处，拖动图片素材的起始位置与时间针位置，如图 6-44 所示。

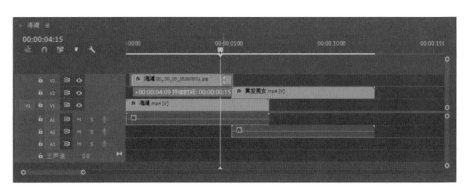

图6-44

06 将时间针移至 4 秒 20 帧处，选中图片素材打开"效果控件"面板，单击"不透明度"选项下的"自由绘制贝塞尔曲线"按钮 ，将人物的轮廓画出，如图 6-45 所示。

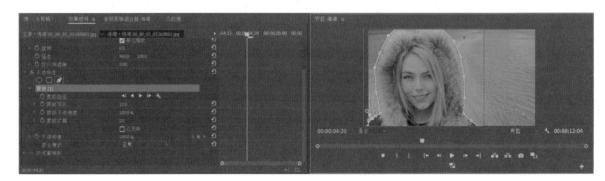

图6-45

07 选中图片素材打开"效果控件"面板，将"蒙版（1）"选项下的"蒙版羽化"参数调整为 70.0，移动时间针至 4 秒 24 帧的位置，单击"蒙版扩展"前面的"切换动画"按钮 ，然后将时间针移至图片素材最后，将"蒙版扩展"参数调整为 940.0，参数调整如图 6-46 所示。

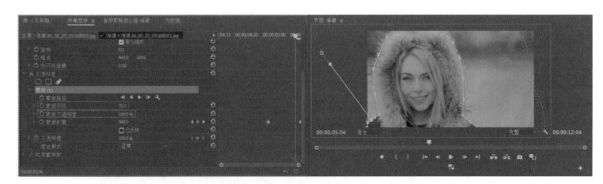

图6-46

08 将背景音乐调整至合适位置，最终案例效果如图 6-47 所示。

图6-47

知识拓展

• 类似"步骤 07"需要将时间针移至某段素材最后一帧然后调整参数的情况下，由于在移动最后一帧时容易跳到下一段画面，在操作时可以先将时间针移到第一个关键帧后的任意位置，设置完参数后再将该关键帧移到最后。

6.6 任意门转场——蒙版

利用"窗户""柜子""瓶盖"等开门式物体使用任意门转场效果，可以制作创意性"开门"效果。

• 要点提示：蒙版跟踪　　　　　　• 在线视频：第 6 章 \6.6 任意门转场——蒙版
• 素材路径：素材 \ 第 6 章 \6.6　　• 应用场景：推门镜头　　　　　　　• 魅力指数：★★★★

01 将"大海""开门"素材导入素材箱，然后将两段视频素材按顺序拖至时间轴，排列顺序如图 6-48 所示。

图6-48

$\mathcal{O}2$ 将时间针移至"开门"素材刚要漏出门缝的位置，然后选中"开门"素材，打开"效果控件"面板，单击"不透明度"选项下的"创建 4 点多边形蒙版"按钮□，将蒙版路径调整到与门缝吻合，为了方便蒙版路径绘制可以调整"节目"窗口"缩放级别"的参数，勾选"已反转"矩形框，如图 6-49 所示。

图6-49

$\mathcal{O}3$ 蒙版选区确定好之后，开始对蒙版路径进行逐帧跟踪，单击"蒙版（1）"选项下的"蒙版路径"前面的"切换动画"按钮，然后按右方向键一次，重新调整蒙版路径的位置使其始终保持框选"门缝"的部分，如图 6-50 所示。

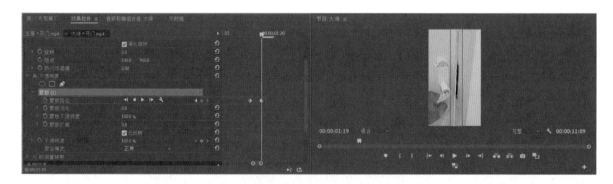

图6-50

要点提示

（1）如果在打完关键帧之后蒙版路径消失，单击"蒙版（1）"选项即可显示。
（2）在移动关键帧时需要在"效果控件"面板激活的状态下完成操作。

$\mathcal{O}4$ 重复蒙版路径逐帧跟踪步骤，每按键盘的右方向键一次，就调整一次蒙版路径的位置使其始终保持框选"门缝"的部分，直到"门框"全部走出画面为止，如图 6-51 所示。

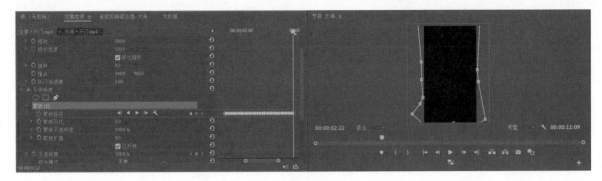

图6-51

05 为了使开门之前的画面内容不受蒙版的影响，将时间针移至第一个跟踪得到的关键帧的位置，然后按左方向键一次，将蒙版路径移除画面外，如图 6-52 所示。

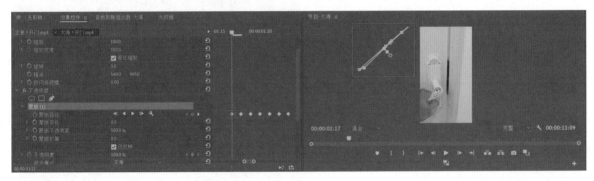

图6-52

06 保持"步骤05"的光标位置不变，将"大海"素材与时间针位置对齐，如图 6-53 所示。

07 最终案例效果如图 6-54 所示。

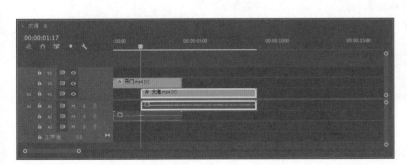

图6-53

图6-54

6.7 翻页折叠转场——变换

"折叠转场"是卡通类型视频花絮中常用的转场技巧，通过与音乐节奏点的结合会有意想不到的效果。

- 要点提示：变换效果
- 素材路径：素材 \ 第 6 章 \6.7
- 在线视频：第 6 章 \6.7 翻页折叠转场——变换
- 应用场景：卡通、动漫
- 魅力指数：★ ★ ★ ★

01 将"玩偶（一）""玩偶（二）"素材和音乐素材导入素材箱，然后新建一个帧大小为 1920×1080，25 帧 / 秒的高清序列，设置参数如图 6-55 所示。

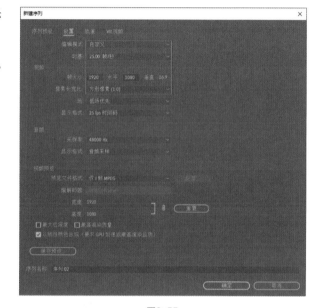

图6-55

02 将两段图片素材按顺序拖至时间轴，适当调整素材长度，然后使用剃刀工具 将"玩偶（一）"素材的尾部截取一部分移到 V2 轨道，如图 6-56 所示。

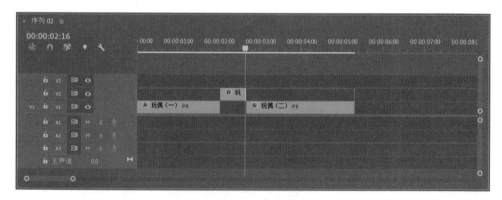

图6-56

03 打开"效果"面板，添加"视频效果">"扭曲">"变换"效果至截取的 V2 轨道"玩偶（一）"素材上，如图 6-57 所示。

图6-57

04 先将时间针移至 V2 轨道"玩偶（一）"素材的开始位置，选中 V2 轨道"玩偶（一）"素材打开"效果控件"面板，单击"变换"选项在"节目"窗口出现"十字星"的标志，如图 6-58 所示。

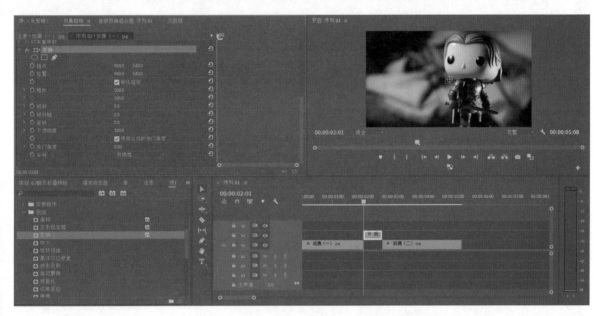

图6-58

05 这一步需要设置画面"锚点"的位置，我们要做的是将画面从右向左折叠，所以需要先将锚点移动到画面的最左侧，以左侧作为折叠的终点，将"锚点"代表 x 轴的参数调整为 0，如图 6-59 所示。

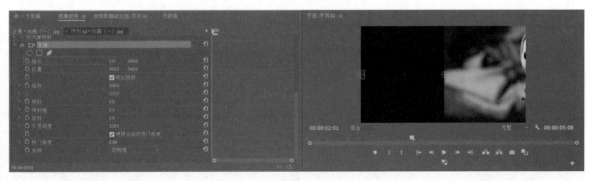

图6-59

相关链接

关于"锚点"功能的理解可以参照"1.8.1 运动"章节。

06 由于"锚点"位置的移动导致画面位置改变，这时我们需要把画面向左移动回到画面的原始位置，将"变换"
选项下"位置"中代表 *x* 轴的参数调整为 0，如图 6-60 所示。

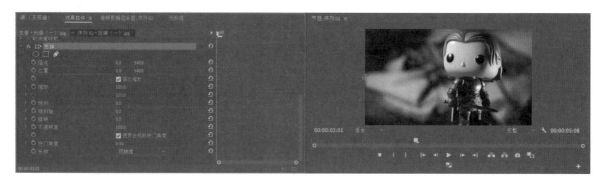

图6-60

07 本步骤开始做画面的折叠效果。取消勾选"变换"选项下"等比缩放"矩形框，单击"缩放宽度"前面的"切
换动画"按钮，将时间针移至 V2 轨道"玩偶（一）"素材的最后位置，将"缩放宽度"参数调整为 0。取消
勾选"变换"选项下"使用合成的快门角度"矩形框，将"快门角度"参数调整为 360.0，增加画面的动态模糊
程度，参数设置如图 6-61 所示。

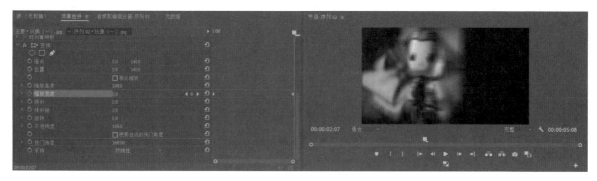

图6-61

08 本步骤制作"玩偶（二）"素材的折叠动画，先将"玩偶（二）"素材与第二段"玩偶（一）"素材对齐，
然后给"玩偶（二）"素材添加"视频效果" > "扭曲" > "变换"效果，如图 6-62 所示。

图6-62

09 "玩偶（二）"素材需要以画面右侧为起始点向左折叠，这时需要将"锚点"移动到画面最右侧，先将 V2 轨道的"切换轨道输出"按钮 👁 关闭，选中"玩偶（二）"素材，打开"效果控件"面板，单击"变换"选项在"节目"窗口出现"十字星"的标志，将"锚点"代表 x 轴的参数调整为 1920.0，将"位置"代表 x 轴的参数调整为 1920.0，参数设置如图 6-63 所示。

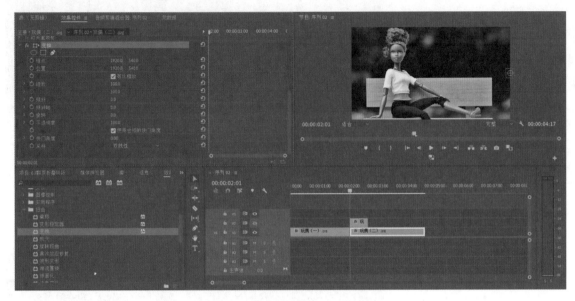

图6-63

10 本步骤开始制作画面的折叠效果，取消勾选"变换"选项下"等比缩放"矩形框，时间针移至"玩偶（二）"素材的开始位置，单击"缩放宽度"前面的"切换动画"按钮 ⏱，并将"缩放宽度"参数调整为 0，然后将时间针移至 V2 轨道"玩偶（一）"素材的最后位置，将"缩放宽度"参数调整为 100.0。取消勾选"变换"选项下"使用合成的快门角度"矩形框，将"快门角度"参数调整为 360.0，增加画面的动态模糊程度，参数设置如图 6-64 所示。

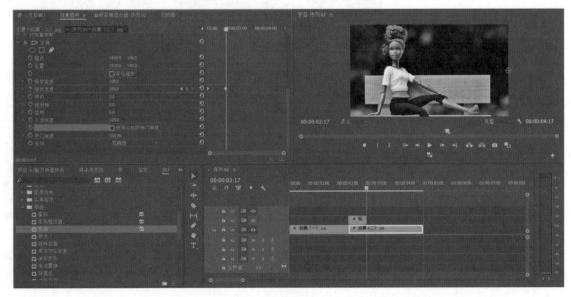

图6-64

11 将 V2 轨道的"切换轨道输出"按钮 ◉ 打开，这时可以看到折叠转场的初步效果，下面继续调整关键帧的"缓入"和"缓出"，选中 V2 轨道"玩偶（一）"素材，然后选中"缩放宽度"的第一个关键帧，右键单击选择"缓出"选项，再选中"缩放宽度"的第二个关键帧，右键单击选择"缓入"选项，然后打开"缩放宽度"前的下拉箭头，拖动关键帧的"小摇杆"将曲线调整成"向下凹陷"形状，如图6-65 所示。

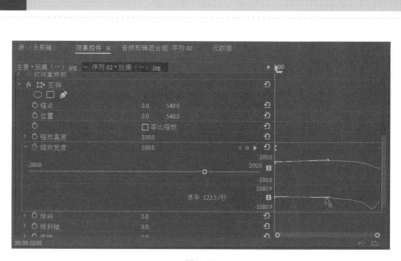

图6-65

12 根据"步骤11"的方法将"玩偶（二）"素材的"缩放宽度"曲线也调整成"向上凸出"形状，如图 6-66 所示。

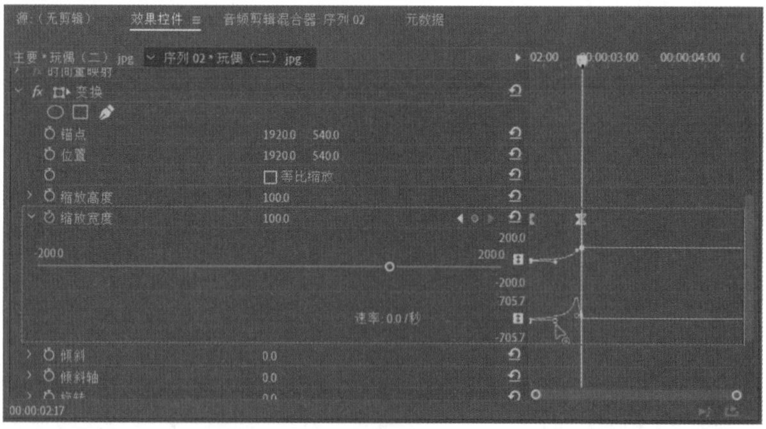

图6-66

13 调整两段素材"缩放宽度"关键帧的前后位置，使其整个转场效果连贯，没有黑色缝隙，最后将背景音乐调整至合适位置，案例完成效果如图 6-67 所示。

图6-67

6.8 炫酷井盖转场——蒙版

本节的剪辑思路是：使用蒙版将图片中的某种规则元素与整体内容分离，再与其他视频内容进行重新组合，从而得到意想不到的效果。

- 要点提示：变换、嵌套
- 素材路径：素材 \ 第 6 章 \6.8
- 在线视频：第 6 章 \6.8 炫酷井盖转场——蒙版
- 应用场景：有几何元素的画面
- 魅力指数：★ ★ ★ ★ ★

---

01 将 "脚步" "井盖" "钟表" 素材和音乐素材导入素材箱，然后新建一个帧大小为 1920×1080，25 帧 / 秒的高清序列，设置参数如图 6-68 所示。

图6-68

02 将 "井盖" 素材拖至时间轴，按住 Alt 键向上拖曳素材至 V2 轨道，先将 "井盖" 素材复制一层，如图 6-69 所示。

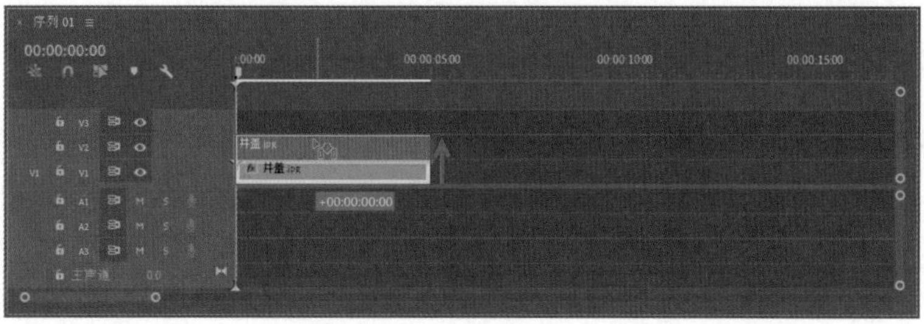

图6-69

03 选中 V2 轨道上的 "井盖" 素材，打开 "效果控件" 面板，单击 "不透明度" 选项下的 "创建椭圆形蒙版" 按钮 ◯，将素材中井盖的轮廓画出，如图 6-70 所示。

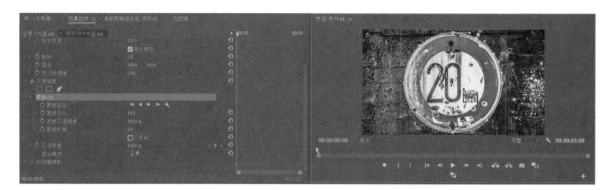

图6-70

04 将 V1 轨道的"切换轨道输出"按钮 ◎ 关闭,然后单击"节目"窗口的"导出帧"按钮 ◎,如图 6-71 所示。

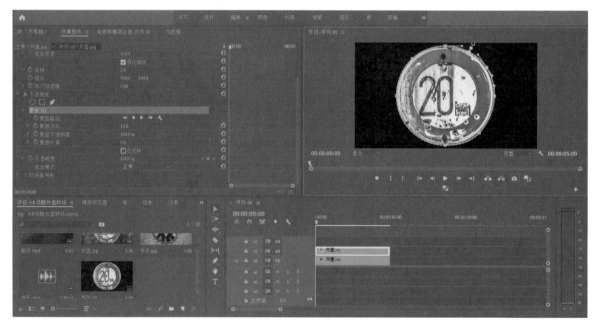

图6-71

05 弹出"导出帧"窗口,将"格式"参数设置为"PNG",勾选"导入到项目中"前面的矩形框,设置完成后单击"确定"按钮,如图 6-72 所示。

图6-72

06 选中 V2 轨道上的"井盖"素材,打开"效果控件"面板,勾选"已反转"前面的矩形框,单击"节目"窗口的"导出帧"按钮 ◎,然后重复"步骤 05"的操作,如图 6-73 所示。

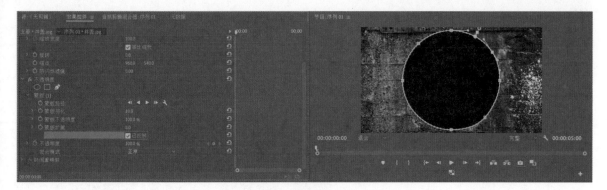

图6-73

07 先将时间轴的两段素材删除，将 V1 轨道的"切换轨道输出"按钮 ◎ 打开，然后将导出帧的两段素材拖至时间轴"边缘"素材在上，"盖子"素材在下，如图 6-74 所示。

图6-74

08 给"盖子"素材添加"视频效果">"扭曲">"变换"效果，将时间针移至 1 秒 10 帧的位置，选中"盖子"素材，打开"效果控件"面板，单击"变换"选项下"位置"前面的"切换动画"按钮 ◎，将"位置"代表 x 轴的参数调整为 2500.0，然后将时间针移至 1 秒 20 帧的位置，单击"位置"后面的"重置参数"按钮 ◎，如图 6-75 所示。

图6-75

09 将时间针移至 1 秒 23 帧的位置，单击"变换"选项下的"旋转"前面的"切换动画"按钮 ⓞ，然后将时间针移至 2 秒 08 帧的位置，将"旋转"参数调整为 720.0，软件显示数值的含义为 2 圈，即 720°，取消勾选"使用合成的快门角度"前面的矩形框，将"快门角度"参数调整为 360.0，如图 6-76 所示。

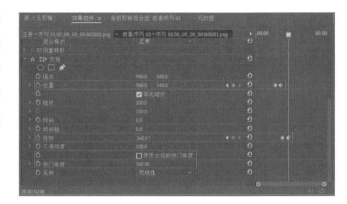

图6-76

10 选中"边缘"素材和"盖子"素材整体向上移动一个轨道，然后将"脚步"素材拖至 V1 轨道，如图 6-77 所示。

图6-77

11 将"边缘"素材和"盖子"素材做嵌套，选中嵌套序列，然后将时间针移至 21 帧，单击"运动"选项下"缩放"前面的"切换动画"按钮 ⓞ，将"缩放"参数调整为 223.0，然后将时间针移至 1 秒 05 帧的位置，将"缩放"参数调整为 100.0，参数设置如图 6-78 所示。

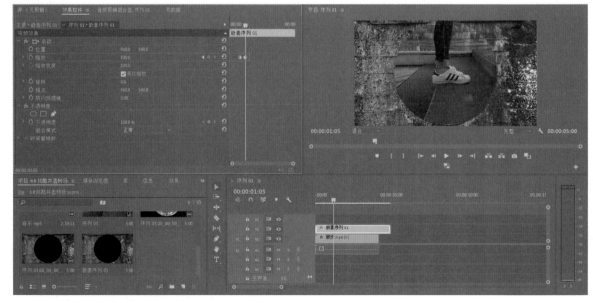

图6-78

12 按照"步骤02"至"步骤11"的操作和原理，依次添加井盖旋转效果和关门效果，将背景音乐和动画音效调整至合适位置，最终案例效果如图6-79所示。

图6-79

知识拓展

● 快门角度的作用是增加运动画面的动态模糊程度，数值越大模糊程度越大。

6.9 快速旋转转场——镜像

本节讲解如何不使用插件手动制作旋转转场，读者学完后还可以借鉴"旋转转场"的原理做到举一反三，制作出其他形式的转场效果。

— 要点提示：镜像参数设置　　　　● 在线视频：第 6 章 \6.9 快速旋转转场——镜像
— 素材路径：素材 \ 第 6 章 \6.9　　● 应用场景：镜头切换　　　　　● 魅力指数：★★★★

01 将"小提琴""吉他"素材和音乐素材导入素材箱，然后将视频素材依次拖入时间轴，如图 6-80 所示。

图6-80

02 新建"调整图层"，然后将"调整图层"拖至 V2 轨道的两段素材过渡位置，调整长度使其左右跨度各 5 帧，将时间针移至两段素材的中间位置，在按住 Shift 键的同时按左方向键一次，将时间针之前的"调整图层"素材删除，然后再将时间针移至两段素材的中间位置，然后，在按住 Shift 键的同时按右方向键一次，将时间针之后的"调整图层"素材删除，如图 6-81 所示。

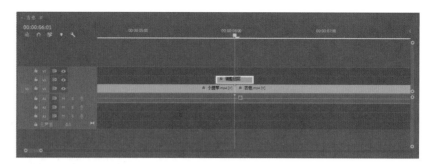

图6-81

03 复制一层"调整图层"素材，按住 Alt 键向上拖曳素材至 V3 轨道，复制一份"调整图层"素材，如图 6-82 所示。

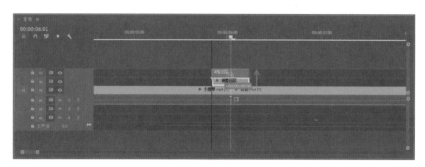

图6-82

04 添加"视频效果"＞"风格化"＞"复制"效果添加至 V2 轨道的"调整图层"素材，然后打开"效果控件"面板，将"复制"选项下的"计数"参数调整为 3，如图 6-83 所示。

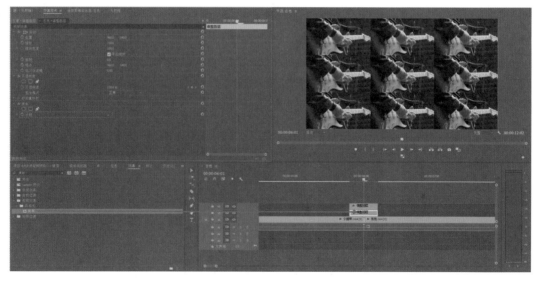

图6-83

05 第一次添加"镜像"效果，将"视频效果"＞"扭曲"＞"镜像"效果添加至 V2 轨道的"调整图层"素材，打开"效果控件"面板，然后将"镜像"选项下的"反射角度"参数调整为 90.0°，将"反射中心"代表 y 轴的参数调整为 719.0，使下面两层视频对称，如图 6-84 所示。

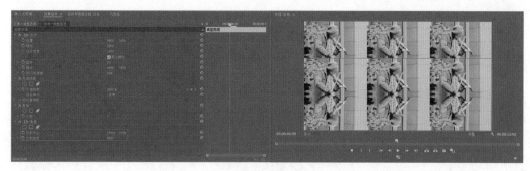

图6-84

06 第二次添加"镜像"效果，将"视频效果">"扭曲">"镜像"效果添加至 V2 轨道的"调整图层"素材，打开"效果控件"面板，然后将"镜像"选项下的"反射角度"参数调整为 −90.0°，将"反射中心"代表 y 轴的参数调整为 360.0，使上面两层视频对称，如图 6-85 所示。

图6-85

07 第三次添加"镜像"效果，将"视频效果">"扭曲">"镜像"效果添加至 V2 轨道的"调整图层"素材，打开"效果控件"面板，然后将"镜像"选项下的"反射角度"参数调整为 0，将"反射中心"代表 x 轴的参数调整为 1279.0，使右边两层视频对称，如图 6-86 所示。

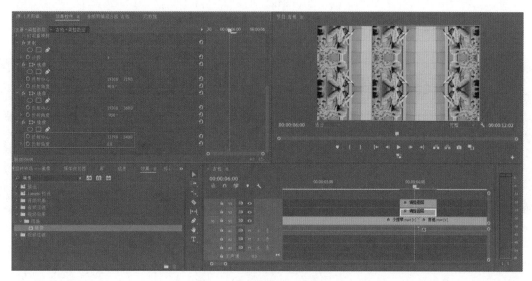

图6-86

08 第四次添加"镜像"效果，将"视频效果">"扭曲">"镜像"效果添加至 V2 轨道的"调整图层"素材，打开"效果控件"面板，然后将"镜像"选项下的"反射角度"参数调整为 180.0，将"反射中心"代表 x 轴的参数调整为 640.0，使左边两层视频对称，如图 6-87 所示。

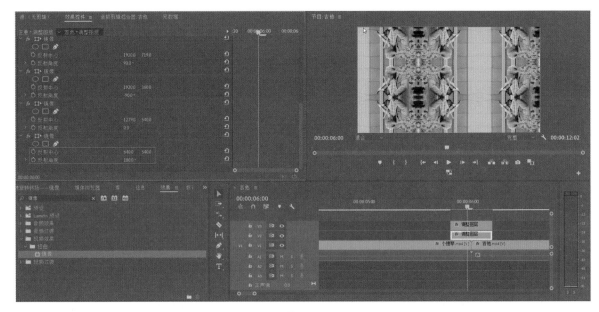

图6-87

09 四次"镜像"效果添加完成后，将"视频效果">"扭曲">"变换"效果添加至 V3 轨道的"调整图层"素材，选中 V3 轨道的"调整图层"素材，打开"效果控件"面板，将"变换"选项下的"缩放"参数调整为 300.0，取消勾选"使用合成的快门角度"前面的矩形框，将"快门角度"参数设置为 360.0，如图 6-88 所示。

10 将时间针移至"调整图层"开始位置，单击"变换"选项下的"旋转"前面的"切换动画"按钮 ◎，然后将时间针移至"调整图层"最后一帧的位置，将"旋转"参数调整为 360.0°，输入完成后软件显示数值含义为 1 圈，即 360°，如图 6-89 所示。

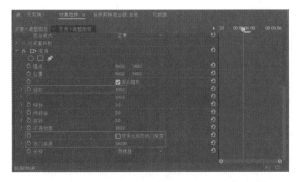

图6-88　　　　　　　　　　　　　　　　图6-89

11 所有参数设置完毕，将背景音乐和转场音效调整至合适位置，最终案例效果如图 6-90 所示。

图6-90

6.10 无缝放大转场和保存转场预设——镜像

结合"旋转转场"的原理本节将学习如何制作"无缝放大转场"的效果，同时讲解如何保存制作完成的转场预设，方便以后直接套用。

- 要点提示：镜像参数设置
- 在线视频：第 6 章 \6.10 无缝放大转场和保存转场预设——镜像
- 素材路径：素材 \ 第 6 章 \6.10
- 应用场景：镜头切换
- 魅力指数：★ ★ ★ ★ ★

01 将"海鸥""欧式建筑"素材和音乐素材导入素材箱，然后将视频素材依次拖入时间轴，如图 6-91 所示。

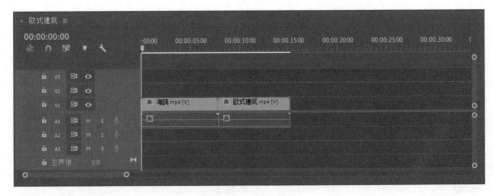

图6-91

02 新建 "调整图层"，然后将 "调整图层" 拖至 V3 轨道的两段素材过渡位置，调整长度使其左右跨度各 5 帧，将时间针移至两段素材的中间位置，在按住 Shift 键的同时按左方向键一次，将时间针之前的 "调整图层" 素材删除，然后再将时间针移至两段素材的中间位置，然后在按住 Shift 键的同时按右方向键一次，将时间针之后的 "调整图层" 素材删除，如图 6-92 所示。

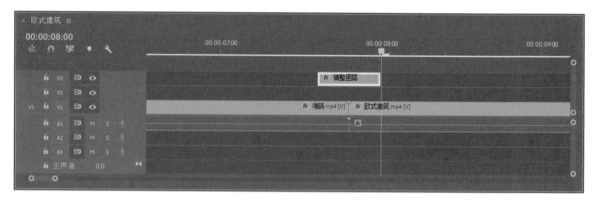

图6-92

03 按住 Alt 键向下拖曳素材至 V2 轨道，复制一层 "调整图层" 素材，然后将 V2 轨道 "调整图层" 素材的前 5 帧删掉，如图 6-93 所示。

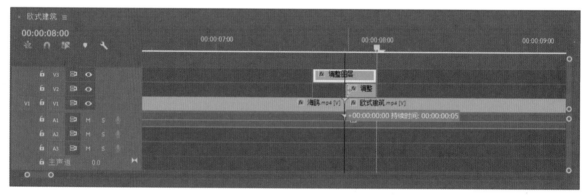

图6-93

04 将 "视频效果" > "风格化" > "复制" 效果添加至 V2 轨道的 "调整图层" 素材，然后打开 "效果控件" 面板，将 "复制" 选项下的 "计数" 参数调整为 3，如图 6-94 所示。

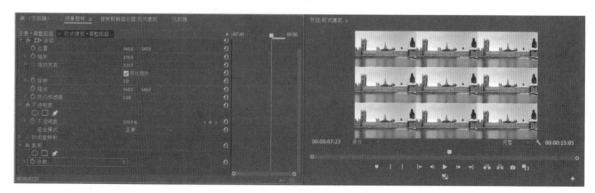

图6-94

05 第一次添加"镜像"效果，将"视频效果">"扭曲">"镜像"效果添加至 V2 轨道的"调整图层"素材，打开"效果控件"面板，然后将"镜像"选项下的"反射角度"参数调整为 90.0°，将"反射中心"代表 *y* 轴的参数调整为 720.0，使下面两层视频对称，如图 6-95 所示。

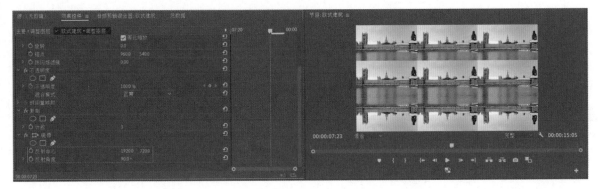

图6-95

06 第二次添加"镜像"效果，将"视频效果">"扭曲">"镜像"效果添加至 V2 轨道的"调整图层"素材，打开"效果控件"面板，然后将"镜像"选项下的"反射角度"参数调整为 -90.0°，将"反射中心"代表 *y* 轴的参数调整为 360.0，使上面两层视频对称，如图 6-96 所示。

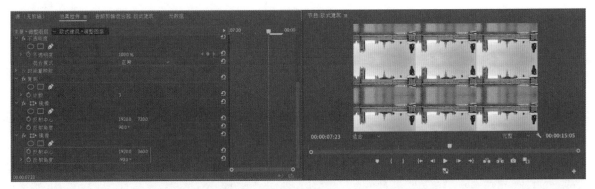

图6-96

07 第三次添加"镜像"效果，将"视频效果">"扭曲">"镜像"效果添加至 V2 轨道的"调整图层"素材，打开"效果控件"面板，然后将"镜像"选项下的"反射角度"参数调整为 0，将"反射中心"代表 *x* 轴的参数调整为 1279.0，使右边两层视频对称，如图 6-97 所示。

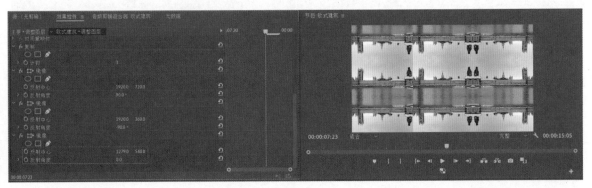

图6-97

08 第四次添加"镜像"效果，将"视频效果">"扭曲">"镜像"效果添加至 V2 轨道的"调整图层"素材，
打开"效果控件"面板，然后将"镜像"选项下的"反射角度"参数调整为 180.0°，将"反射中心"代表 *x* 轴
的参数调整为 640.0，使左边两层视频对称，如图 6-98 所示。

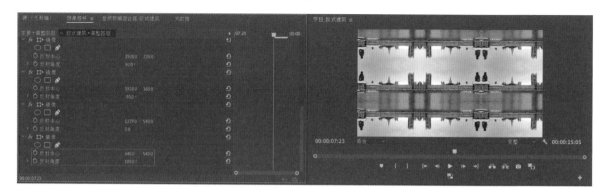

图6-98

09 四次"镜像"效果添加完成后，将"视频效果">"扭曲">"变换"效果添加至 V3 轨道的"调整图层"素材，
选中 V3 轨道的"调整图层"素材打开"效果控件"面板，"变换"选项下取消勾选"使用合成的快门角度"
前面的矩形框，将"快门角度"参数设置为 360.0，如图 6-99 所示。

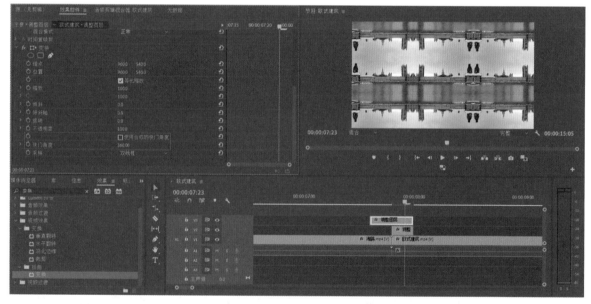

图6-99

10 将时间针移至 V3 轨道"调整图层"开始位置，单击"变换"选项下"缩放"前面的"切换动画"按钮
，然后将时间针移至"调整图层"最后一帧的位置，将"缩放"参数调整为 300.0，右键单击第一个关键帧选
择"缓出"选项，右键单击第二个关键帧选择"缓入"选项，如图 6-100 所示。

11 选中 V2 轨道的"调整图层"，打开"效果控件"面板，右键单击"视频效果"选择"全选"选项，如图 6-101
所示。

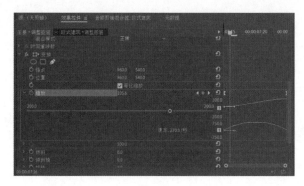

图6-100

图6-101

12 再次右键单击"视频效果"选择"保存预设"选项，弹出"保存预设"窗口，"名称"输入为"镜像拼接"，单击"确定"按钮，即可保存转场预设，如图 6-102 所示。

13 打开"效果"面板，在"预设"文件夹可找到"镜像拼接"预设，直接将"镜像拼接"拖至"调整图层"即可直接套用，如图 6-103 所示。

图6-102

图6-103

14 所有参数和预设设置完毕，将背景音乐和转场音效调整至合适位置，最终案例效果如图 6-104 所示。

图6-104

实战练习：连续开门转场

使用"6.8"节中的"变换"工具，制作一段连续开门的视频效果。

- 操作提示：蒙版运动
- 强化技能：场景切换
- 难度指数：★ ★ ★ ★ ★
- 素材路径：素材 \ 第 6 章 \ 实战练习

连续开门转场的最终效果如图 6-105 所示。

图6-105

第 **4** 篇

技巧性效果实
战篇

第 **7** 章

技巧性剪辑

在视频剪辑过程中除了正常的素材拼接
之外，必要时还需要根据实际情况做一些技
巧性的剪辑，特别是在短视频的制作过程中，
能在合适的场景制作出恰到好处的效果显得
尤为重要。本章将通过实战的方式详细讲解
常用的剪辑技巧。

7.1 模拟手持呼吸感镜头——变形稳定器

本节主要讲解如何将固定镜头调整为手持抖动的感觉，利用"变形稳定器"效果的逆向思维，先给一个抖动镜头添加"变形稳定器"效果，然后将抖动镜头运算后的稳定轨迹添加到固定镜头上，即可得到手持抖动的感觉。

- 要点提示：变形稳定器的逆向运用
- 在线视频：第 7 章 \7.1 模拟手持呼吸感镜头——变形稳定器
- 素材路径：素材 \ 第 7 章 \7.1
- 应用场景：呼吸感运镜
- 魅力指数：★ ★ ★ ★

01 将"花穗""夕阳"素材和音乐素材导入素材箱，然后将视频素材依次拖入时间轴，如图 7-1 所示。

图7-1

02 在"效果"面板中通过搜索框找到"变形稳定器"效果，添加至"夕阳"素材，打开"效果控件"面板，然后将"变形稳定器"选项下的"平滑度"参数调整为60.0%，"方法"选项调整为"位置"，如图 7-2 所示。

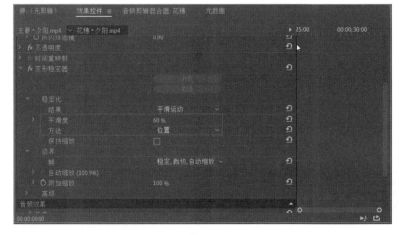

图7-2

03 "变形稳定器"分析完成后，
在"效果控件"面板中选中"变形
稳定器"，右键单击，选择"复制"
选项，如图7-3所示。

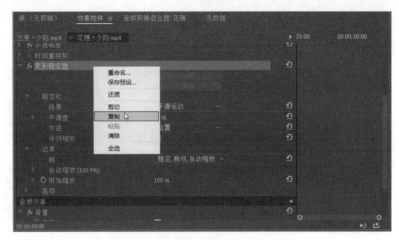

图7-3

04 选中"花穗"素材，然后在"效
果控件"面板内的空白处右键单击，
选择"粘贴"选项，如图7-4所示。

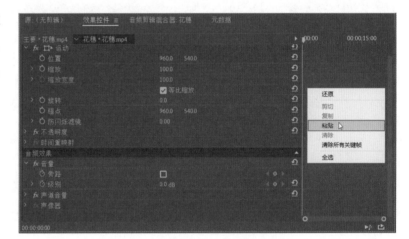

图7-4

05 将"变形稳定器"效果复制之
后，在"节目"窗口会出现"分析"
的提示条，这时打开"高级"选项
前的下拉箭头，勾选"隐藏警告栏"
后面的矩形框，然后根据画面的实
际情况调整"更少裁切 <-> 更多
平滑"和"平滑度"的参数，这两
种参数数值越小表示画面越稳定，
这里我们分别设置为50% 和30%，
如图7-5所示。

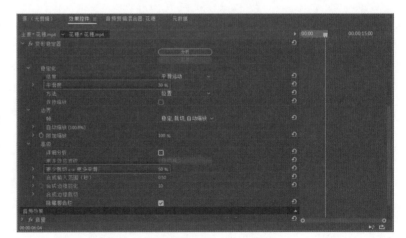

图7-5

06 由于运算量比较大，需要将添加效果的视频区间打上出 / 入点，然后按键盘的 Enter 键进行渲染，如图 7-6 所示。

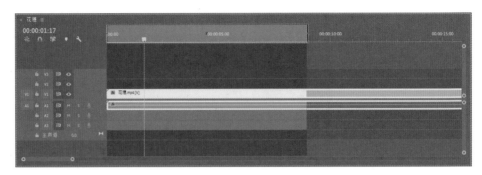

图7-6

07 将背景音乐调整至合适位置，最终案例效果如图 7-7 所示。

图7-7

知识拓展

• "出点"和"入点"的快捷键分别是"O"和"I"。

7.2 视频定格拍照效果——添加帧定格

视频定格效果常用于唯美风格的人物拍摄，在剪辑过程中可以直接从视频中截取图片，也可以使用相同内容和相似角度的现场照片。

• 要点提示：帧定格   • 在线视频：第 7 章 \7.2 视频定格拍照效果——添加帧定格
• 素材路径：素材 \ 第 7 章 \7.2   • 应用场景：视频相册   • 魅力指数：★ ★ ★ ★

01 将"情侣"素材和音乐素材导入素材箱，然后将素材拖至时间轴，将时间针移至 5 秒 02 帧的位置，右键单击选择"插入帧定格分段"选项，如图 7-8 所示。

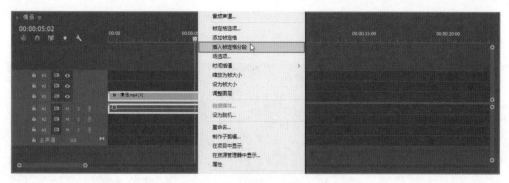

图7-8

02 添加完"插入帧定格分段"后会出现一段静止的画面，按住 Alt 键将"静止画面"向上拖曳至 V2 轨道，将这段"静止画面"复制一层，如图 7-9 所示。

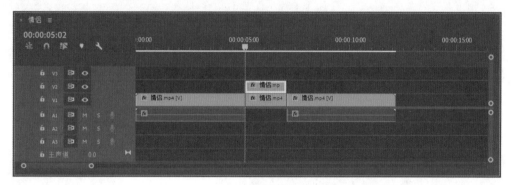

图7-9

03 选中 V2 轨道的"静止画面"打开"效果控件"面板，将时间针移至 5 秒 02 帧的位置，单击"运动"选项下"缩放"前面的"切换动画"按钮 ，然后把时间针移至 5 秒 13 帧的位置将"缩放"参数调整为 75.0；再将时间针移至 5 秒 02 帧的位置，单击"旋转"前面的"切换动画"按钮 ，然后把时间针移至 5 秒 13 帧的位置，将"旋转"参数调整为 8.0°，参数设置如图 7-10 所示。

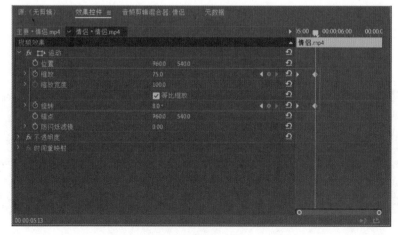

图7-10

04 在"效果"面板中找到"视频效果">"扭曲">"高斯模糊"效果，并添加至 V1 轨道的"静止画面"，然后打开"效果控件"面板，将"模糊度"参数调整为 25.0，如图 7-11 所示。

图7-11

05 选中 V1 和 V2 轨道的"静止画面"右键单击，选择"嵌套"选项，如图 7-12 所示。

图7-12

06 在"效果"面板中找到"视频过渡">"溶解">"白场过渡"效果，并添加至"情侣"和"嵌套"两段素材之间，如图 7-13 所示。

图7-13

07 选中"白场过渡"效果，打开"效果控件"面板，将"持续时间"设置为15帧，将"对齐"选项设置为"中心切入"，如图7-14所示。

图7-14

08 将相机快门声音效添加至"白场过渡"下面，将背景音乐调整至合适位置，最终案例效果如图7-15所示。

图7-15

7.3 高级分屏大片效果——旧版标题

分屏效果可以理解为"画中画"排版的拓展延伸，利用裁剪的方式分割画面得到多场景同时播放的效果。

- 要点提示：矩形工具的运用
- 素材路径：素材 \ 第 7 章 \7.3

- 在线视频：第 7 章 \7.3 高级分屏大片效果——旧版标题
- 应用场景：多场景同步

魅力指数：★★★★

01 将"拍照""海浪""轮船"素材和音乐素材导入素材箱，然后将视频素材依次层叠拖入时间轴，如图7-16所示。

图7-16

02 选中"海浪"素材，打开"效果控件"面板，将"运动"选项下的"位置"参数调整为 600.0 780.0，"缩放"参数调整为 70.0，如图 7-17 所示。

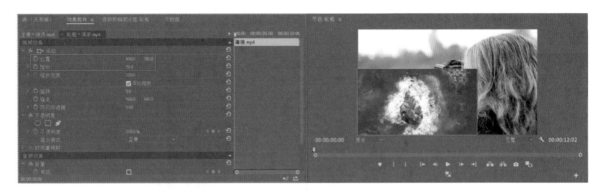

图7-17

03 选中"拍照"素材，打开"效果控件"面板，将"运动">"位置"中代表 x 轴和 y 轴的参数调整为 1650.0 和 780.0，"缩放"参数调整为 73.0，如图 7-18 所示。

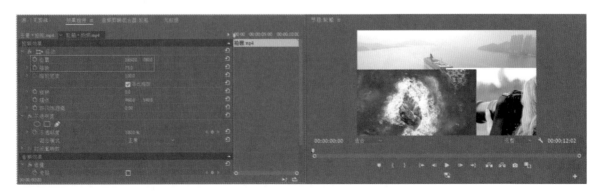

图7-18

04 打开"效果"面板，添加"视频效果">"过渡">"线性擦除"效果至"海浪"素材，打开"效果控件"面板，将"线性擦除"选项下的"过渡完成"参数调整为47%，"擦除角度"参数调整为207.0°，如图7-19所示。

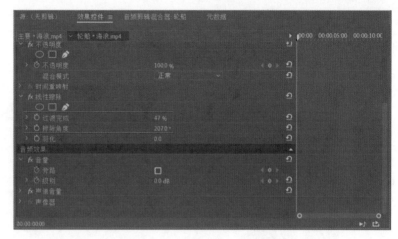

图7-19

05 打开"效果"面板，添加"视频效果">"过渡">"线性擦除"效果至"拍照"素材，将"线性擦除"选项下的"过渡完成"参数调整为35%，"擦除角度"参数调整为152.0°，如图7-20所示。

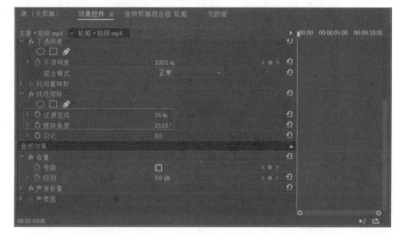

图7-20

06 新建"旧版标题"，单击"矩形工具"按钮 ，画出一个矩形长条，然后调整角度和位置覆盖"海浪"素材的斜边，如图7-21所示。

图7-21

07 重复"步骤06"将"拍照"素材的斜边和整个视频边框都用矩形条覆盖，然后将所有的矩形条颜色调为"纯白色"，如图 7-22 所示。

图7-22

08 将"字幕"素材拖至 V4 轨道，然后将长度调整为与下面视频长度一致，如图 7-23 所示。

图7-23

09 将背景音乐调整至合适位置，最终案例效果如图 7-24 所示。

图7-24

7.4 欧美风网格效果——网格

网格效果是在原视频风格的基础上，再添加某种视频元素使视频的整体效果更加突出。

- 要点提示：网格参数设置
- 素材路径：素材 \ 第 7 章 \7.4
- 在线视频：第 7 章 \7.4 欧美风网格效果——网格
- 应用场景：欧美风格
- 魅力指数：★★★

01 将 "模特" 素材和音乐素材导入素材箱，然后将素材拖入时间轴，如图 7-25 所示。

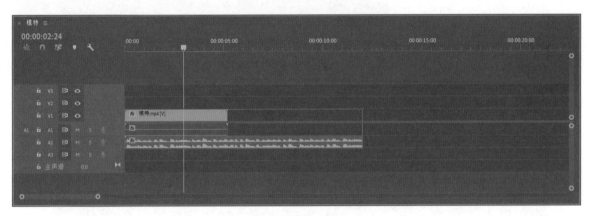

图7-25

02 打开 "效果" 面板，将 "视频效果" > "生成" > "网格" 效果添加至 "模特" 素材，如图 7-26 所示。

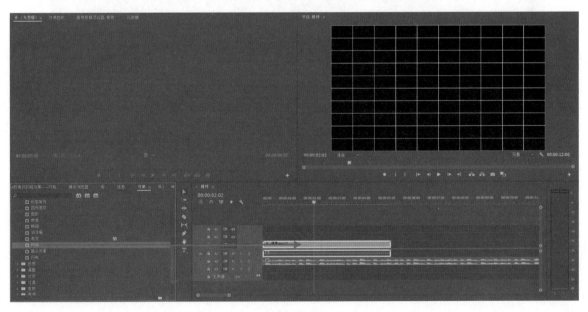

图7-26

03 选中"模特"素材，打开"效果控件"面板，先将"网格"选项下的"混合模式"设置为"正常"，然后将"锚点"参数设置为1940. 540.0，"大小依据"选项设置为"宽度和高度滑块"，"宽度"参数设置为2000.0，"高度"参数设置为40.0，"边框"参数调整为7.0，"颜色"选项设置为"黑色"，"不透明度"参数设置为70%，参数设置如图7-27所示。

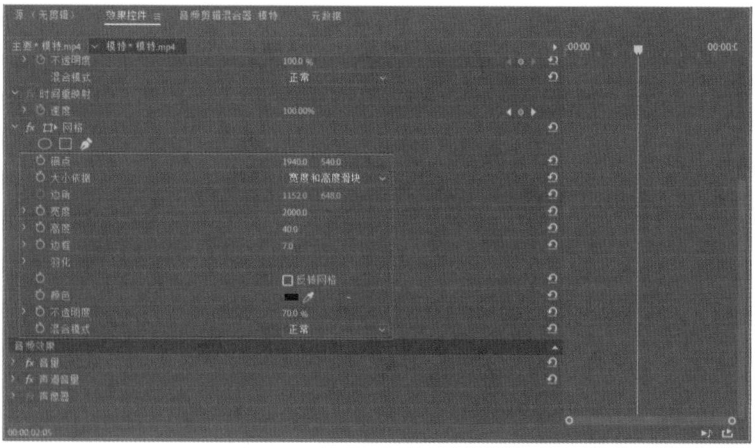

图7-27

04 最终案例效果如图7-28所示。

图7-28

7.5 直播弹幕效果——旧版标题

直播弹幕是结合当下直播热潮，新兴的一种使用剪辑技巧制作现场弹幕的效果，多使用在影视剧情、赛事直播、电竞直播中。

- 要点提示：旧版标题
- 在线视频：第 7 章 \7.5 直播弹幕效果——旧版标题
- 素材路径：素材 \ 第 7 章 \7.5
- 应用场景：直播弹幕
- 魅力指数：★★★★

---

01 将"比赛"素材导入素材箱，然后将视频素材拖入时间轴，如图 7-29 所示。

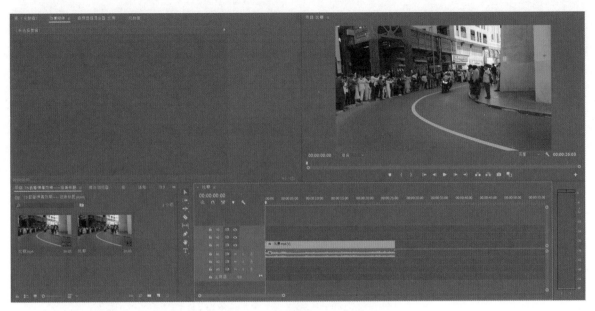

图7-29

02 新建"旧版标题"，在"旧版标题"窗口输入弹幕文字，如图 7-30 所示。

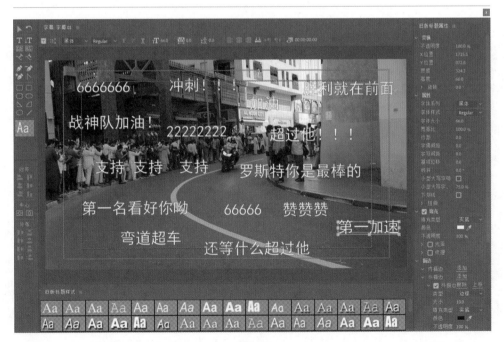

图7-30

03 弹幕文字输入完成后关闭"旧版标题"窗口，将"字幕01"素材拖至V2轨道，如图7-31所示。

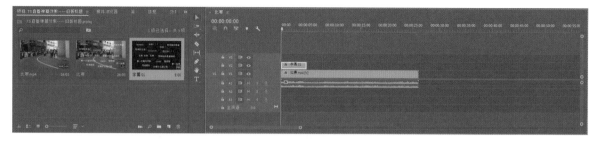

图7-31

04 将时间针移至时间轴开始位置，选中"字幕01"素材，打开"效果控件"窗口单击"运动">"位置"前面的"切换动画"按钮📷，将代表 *x* 轴的数值调整为2750.0，然后将时间针移至4秒处，将代表 *x* 轴的数值调整为960.0，如图7-32所示。

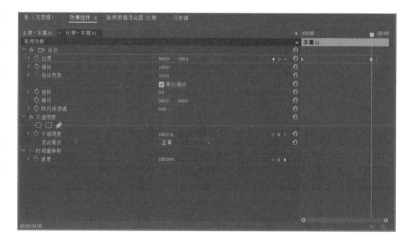

图7-32

05 最终案例效果如图7-33所示。

图7-33

7.6 所有屏幕都是你的——边角定位

边角定位效果可理解为"画中画"效果的高级版，使用这个效果可以使画面中所有带有屏幕的视频元素都可以呈现出你想要的其他视频内容。

- 要点提示：边角定位
- 素材路径：素材 \ 第 7 章 \7.6
- 在线视频：第 7 章 \7.6 所有屏幕都是你的——边角定位
- 应用场景：街边广告屏幕
- 魅力指数：★ ★ ★ ★

01 将"大屏幕""广告"素材导入素材箱，然后将视频素材依次层叠拖入时间轴，如图 7-34 所示。

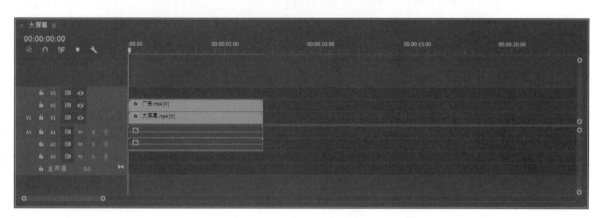

图7-34

02 打开"效果"面板，添加"视频效果" > "扭曲" > "边角定位"效果至"广告"素材，然后选中"广告"素材打开"效果控件"面板，单击"边角定位"效果名称，在"节目"窗口的 4 个角会出现"十字星"的标志，如图 7-35 所示。

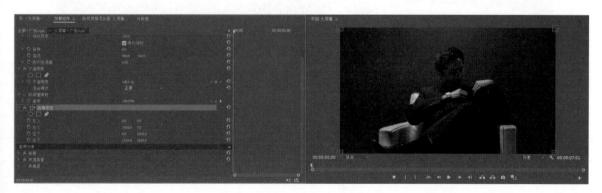

图7-35

03 分别将"十字星"标志拖至"大屏幕"素材的 4 个角，为了方便细节调整可以调整"节目"窗口"缩放级别"的数值，如图 7-36 所示。

图7-36

04 最终案例效果如图7-37所示。

图7-37

7.7 希区柯克式变焦——运动

希区柯克式变焦最早由导演希区柯克在电影《Vertigo》中运用，在移动相机前后位置的同时进行变焦，使被拍主体在画面中一直保持大小不变，而使背景与被拍主体间距离不断改变，镜头会呈现出一种科幻、酷炫的视觉效果。本节我们用一段航拍素材结合关键帧运动做出希区柯克式变焦的效果。

- 要点提示：机位和运动效果
- 素材路径：素材 \ 第 7 章 \7.7
- 在线视频：第 7 章 \7.7 希区柯克式变焦——运动
- 应用场景：主体明确的前后运动镜头
- 魅力指数：★★★★

01 将"山峰"素材导入素材箱，然后将视频素材拖入时间轴，如图 7-38 所示。

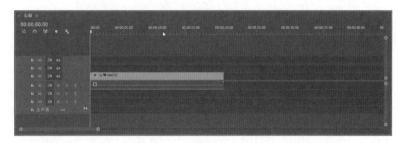

图7-38

02 选中"山峰"素材，打开"效果控件"面板，将时间针移至时间轴开始位置，单击"运动">"缩放"前面的"切换动画"按钮，然后把时间针移至 19 秒处，将"缩放"参数调整为 290.0，如图 7-39 所示。

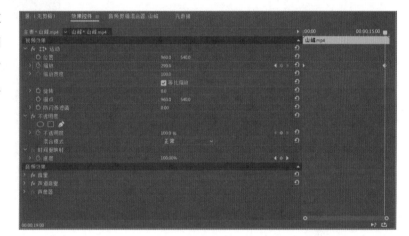

图7-39

03 将背景音乐调整至合适位置，最终案例效果如图 7-40 所示。

图7-40

知识拓展

- 如果是向前推进的镜头，应当将"缩放"参数先进行放大然后再逐渐缩小调整到原始的画面大小。

7.8 图片错位视觉冲击——蒙版

　　使用蒙版工具将画面中关键位置的元素抠选出来，然后配合旋转和缩放的相对运动，就会得到一种视觉错位的效果。

- 要点提示：蒙版运动原理
- 素材路径：素材 \ 第 7 章 \7.8
- 在线视频：第 7 章 \7.8 图片错位视觉冲击——蒙版
- 应用场景：视觉冲击画面
- 魅力指数：★ ★ ★ ★

01 将图片素材和音乐素材导入素材箱，然后新建一个帧大小为 1920×1080，25 帧 / 秒的高清序列，设置参数如图 7-41 所示。

图7-41

02 将图片素材拖至时间轴，按住 Alt 键向上拖曳素材至 V2 轨道，将图片素材复制一层，如图 7-42 所示。

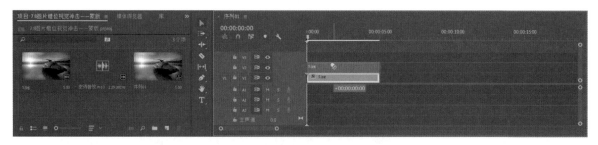

图7-42

03 关闭 V1 轨道的"切换轨道输出"按钮，选中 V2 轨道的图片素材，打开"效果控件"面板，如图 7-43 所示。

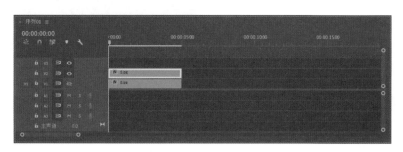

图7-43

04 单击"不透明度"选项下的"创建椭圆形蒙版"按钮 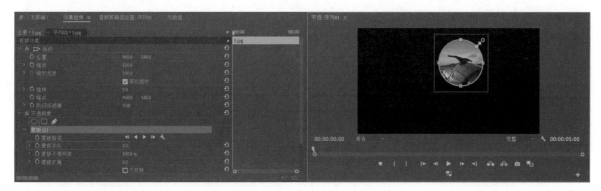，在"节目"窗口中画出近似圆形的选区，并将"羽化度"参数调整为 0，如图 7-44 所示。

图7-44

05 按照"步骤 04"的方式，在图片素材中画出多个近似圆形的选区，如图 7-45 所示。

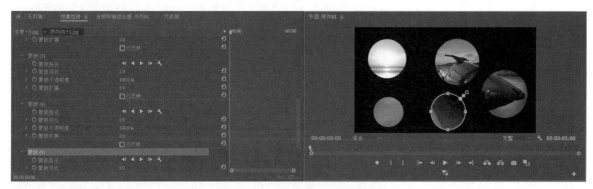

图7-45

06 将时间针移至开始位置，单击"运动"选项下的"缩放"和"旋转"前面的"切换动画"按钮 ，将"缩放"参数调整为 110.0，将"旋转"参数调整为 –6.0°，然后将时间针移至 4 秒 15 帧的位置，单击"重置参数"按钮 ，如图 7-46 所示。

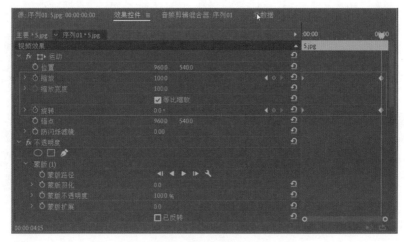

图7-46

221

07 打开 V1 轨道的"切换轨道输出"按钮 ，关闭 V2 轨道的"切换轨道输出"按钮 ，选中 V1 轨道的图片素材，打开"效果控件"面板，如图7-47所示。

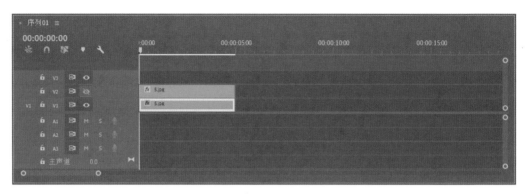

图7-47

08 将时间针移至开始位置，单击"运动"选项下的"缩放"和"旋转"前面的"切换动画"按钮 ，将"缩放"参数调整为120.0，将"旋转"参数调整为6.0°，然后将时间针移至4秒15帧的位置，单击"重置参数"按钮 ，如图7-48所示。

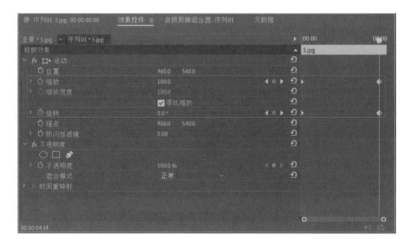

图7-48

09 打开 V2 轨道的"切换轨道输出"按钮 ，将背景音乐调整至合适位置，最终案例效果如图7-49所示。

知识拓展

• 上下两层图片素材的运动方式可以自定义调整，运动选项和参数都不是固定的。

图7-49

7.9 音乐节奏卡点剪辑——Beat Edit 插件

Beat Edit 是一个音乐鼓点节奏自动剪辑的扩展插件,可以自动检测音乐的节拍鼓点并生成标记点时间线。

- 要点提示:Beat Edit 插件的使用
- 素材路径:素材 \ 第 7 章 \7.9
- 在线视频:第 7 章 \7.9 音乐节奏卡点剪辑——Beat Edit 插件
- 应用场景:节奏点剪辑
- 魅力指数:★★★★★

01 将图片素材和音乐素材导入素材箱,然后新建一个帧大小为 1920×1080,25 帧 / 秒的高清序列,设置参数如图 7-50 所示。

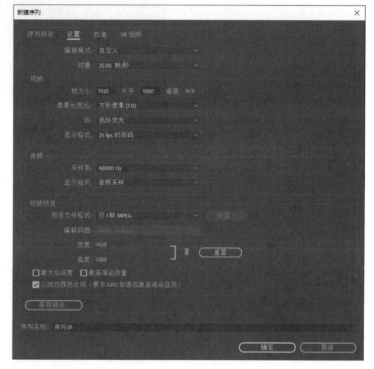

图7-50

02 将"节奏音乐"素材拖至时间轴,如图 7-51 所示。

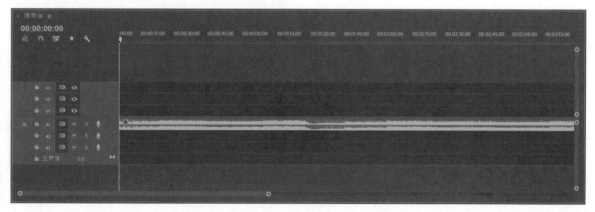

图7-51

03 执行"窗口"→"扩展"→"Beat Edit"命令,弹出插件窗口,如图7-52 所示。

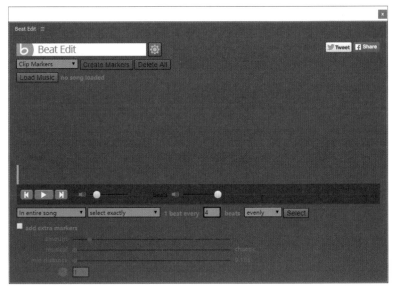

图7-52

知识拓展

• BeatEdit 是一个音乐鼓点节拍自动剪辑扩展插件,该插件可以自动检测音频文件,根据音乐的节拍生成时间线,然后选择需要剪辑的素材,自动完成剪辑工作,还可自动或手动选择鼓点的位置。读者可自行下载安装该插件。

04 单击"Load Music"(加载音乐)按钮,选择时间轴中导入的"节奏音乐"素材,单击"打开"按钮,如图 7-53 所示。

图7-53

05 等待音乐加载完成,单击"add extra markers"(添加额外的标记)前面的矩形框,将"amount"(数量)参数调整到大概中间的位置,然后将"Clip Markers"(剪辑标记)切换为"Sequence Markers"(序列标记),最后单击"Create Markers"(创建标记)按钮,如图 7-54 所示。

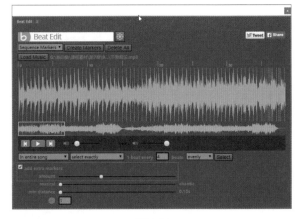

图7-54

06 等待创建完成后，这时可以看到在时间轴中根据音乐节奏打好了标记点，现在可以将插件窗口关闭，如图 7-55 所示。

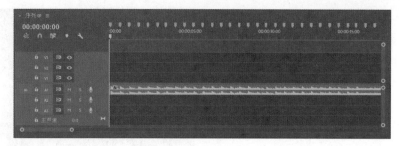

图7-55

07 根据音乐节奏配画面，选中所有的图片素材，单击"自动匹配序列"按钮，如图 7-56 所示。

08 在"序列自动化"窗口，将"放置"选项设置为"在未编号标记"然后单击"确定"按钮，如图 7-57 所示。

图7-56

图7-57

09 这样所有的图片素材都会根据打好的标记点匹配到时间轴，如图 7-58 所示。

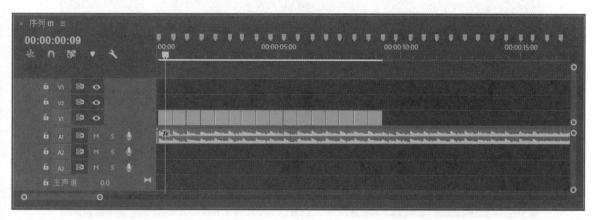

图7-58

10 最终案例效果，如图7-59所示。

图7-59

实战练习：音乐节奏感练习

使用7.9节中的音乐节奏插件，结合6.7节中的折叠转场的讲解，用不同的转场角度制作一段动感的镜头切换视频。

• 操作提示：转场效果结合音乐节奏　　• 强化技能：音乐卡节奏　　• 难度指数：★★★★★
• 素材路径：素材 \ 第 7 章 \ 实战练习

最终效果如图7-60所示。

图7-60

第 **8** 章

技巧性特效

本章进入特效技巧的讲解，以生成性质的效果为主，此类特效的原理是在原始视频的基础上添加某种效果以改变其中的某种元素，或者通过多种素材的组合使原始视频呈现出另外一种风格。

8.1 奔跑的马赛克——马赛克

马赛克是一种常用的画面处理手段，它可以使画面局部模糊，其模糊效果是由一个个的矩形块组成，于是形象地称这种画面为"马赛克"，马赛克常用于遮挡画面中需要模糊显示部位。

- 要点提示：自动跟踪功能
- 在线视频：第 8 章 \8.1 奔跑的马赛克——马赛克
- 素材路径：素材 \ 第 8 章 \8.1
- 应用场景：视频遮挡处理
- 魅力指数：★★★

01 将"行驶的汽车"素材导入素材箱，然后将其拖至时间轴，如图 8-1 所示。

图8-1

02 打开"效果"面板，将"视频效果" > "扭曲" > "马赛克"效果添加至"行驶的汽车"素材，然后打开"效果控件"面板，将"马赛克"选项下的"水平块"和"垂直块"参数分别都调整为 150，如图 8-2 所示。

图8-2

03 将时间针移至开始位置，单击"马赛克"选项下的"创建 4 点多边形蒙版"按钮▣，将蒙版调整至和画面中"车牌"的位置大小一致，为了方便蒙版调整可以调整"节目"窗口"缩放级别"数值，如图 8-3 所示。

图8-3

04 单击"向前跟踪所选蒙版"按钮 ▶ ，开始跟踪"车牌"的移动轨迹，然后等待跟踪进度完成，如图8-4所示。

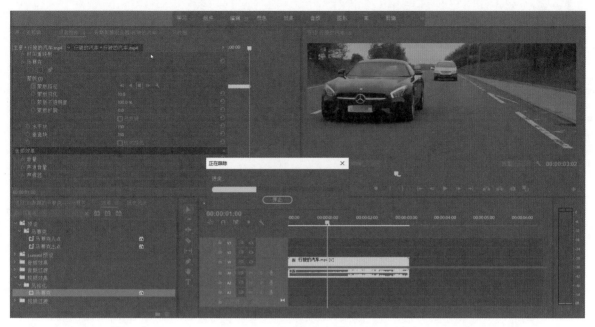

图8-4

05 最终案例效果，如图 8-5 所示。

图8-5

8.2 视频转铅笔画风格——查找边缘

应用"查找边缘"效果的视频素材最好具有强烈的反差边界和明显的线条感，这样制作出来的效果才能更接近铅笔画。

- 要点提示：黑白、查找边缘
- 素材路径：素材 \ 第 8 章 \8.2
- 在线视频：第 8 章 \8.2 视频转铅笔画风格——查找边缘
- 应用场景：画面主体的边缘明显
- 魅力指数：★★★

01 将"海鸥"素材导入素材箱，然后将其拖至时间轴，如图 8-6 所示。

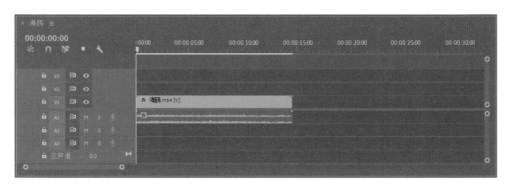

图8-6

02 新建"调整图层"并拖至 V2 轨道，调整长度与"海鸥"素材一致，打开"效果"面板，利用搜索框找到"黑白"和"查找边缘"效果然后添加至"调整图层"素材，如图 8-7 所示。

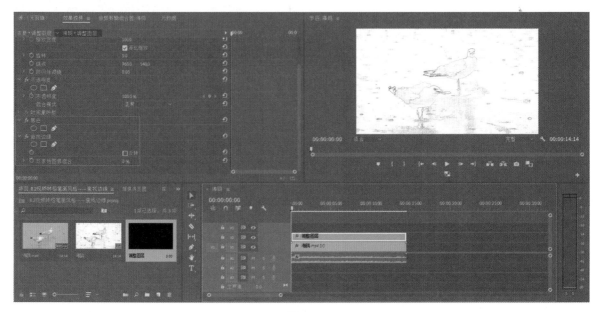

图8-7

03 选中"调整图层"素材，将时间针移至开始位置，单击"位置"前面的"切换动画"按钮，将代表 x 轴的数值改为 -960.0，然后将时间针移至 3 秒位置，单击"重置参数"按钮，如图 8-8 所示。

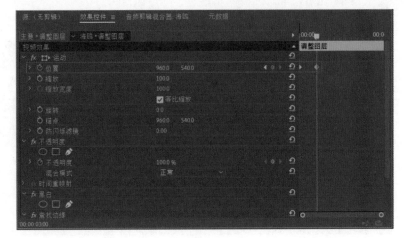

图8-8

04 最终案例效果，如图 8-9 所示。

图8-9

8.3 视频转漫画风格——棋盘

漫画风格除了可以用于转化整体的视频效果外，还经常用于故事类视频开场的定格人物介绍的画面。

- 要点提示：棋盘、色调分离
- 素材路径：素材 \ 第 8 章 \8.3
- 在线视频：第 8 章 \8.3 视频转漫画风格——棋盘
- 应用场景：动漫类型
- 魅力指数：★★★★

01 将"金发美女"素材和音乐素材导入素材箱，然后将视频素材拖至时间轴，如图 8-10 所示。

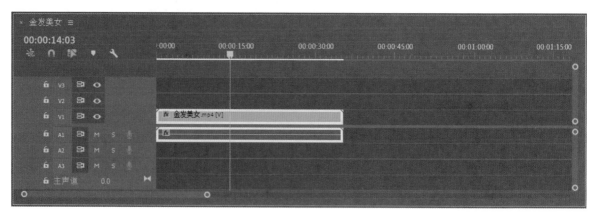

图8-10

02 打开"效果"面板，选择"视频效果" > "生成" > "棋盘"效果添加至"金发美女"素材，选中"金发美女"素材，然后打开"效果控件"面板，将"棋盘"选项下的"大小依据"调整为"宽度和高度滑块"，"宽度"参数调整为1.0，"高度"参数调整为1.0，"混合模式"选项调整为"叠加"，参数设置如图 8-11 所示。

图8-11

03 选择"视频效果" > "风格化" > "色调分离"效果添加至"金发美女"素材，打开"效果控件"面板，然后将"色调分离"选项下的"级别"参数调整为4，如图 8-12 所示。

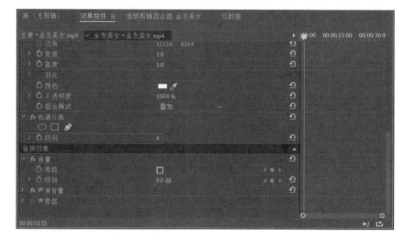

图8-12

04 将背景音乐调整至合适位置，最终案例效果如图 8-13 所示。

图8-13

8.4 童话中的梦幻世界——高斯模糊

改变视频的"混合模式"，可以使两种不同效果的视频进行不同方式的混合，可以得到多种不同的画面风格。

- 要点提示：混合模式
- 在线视频：第 8 章 \8.4 童话中的梦幻世界——高斯模糊
- 素材路径：素材 \ 第 8 章 \8.4
- 应用场景：航拍夜景
- 魅力指数：★★★★

01 将"城市夜景"素材导入素材箱，然后将其拖至时间轴，新建"调整图层"并拖至 V2 轨道，将"调整图层"素材长度调整至与"城市夜景"素材长度一致，如图 8-14 所示。

图8-14

$\mathcal{O}\mathcal{2}$ 打开"效果"面板,将"视频效果">"模糊与锐化">"高斯模糊"效果添加至"调整图层"素材,在"效果控件"面板将"高斯模糊"选项下的"模糊度"参数调整为50.0,"模糊尺寸"选择"水平和垂直"选项,勾选"重复边缘像素"前面的矩形框,然后将"混合模式"选项调整为"滤色","不透明度"参数调整为70%,参数设置如图8-15所示。

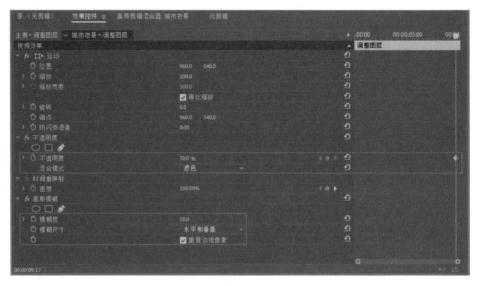

图8-15

$\mathcal{O}\mathcal{3}$ 切换到"颜色"面板,将"对比度"参数调整为30.0,"高光"参数调整为13.0,"阴影"参数调整为-8.0,"白色"参数调整为35.0,如图8-16所示。

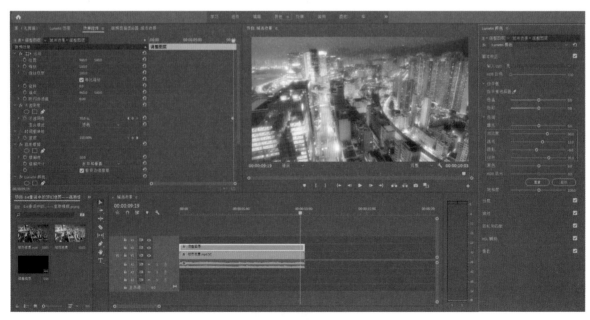

图8-16

04 最终案例效果如图8-17所示。

图8-17

8.5 复古老电影画质——波形变形

将正常视频转化为复古画质的思路是将画面整体色调调至泛黄，然后融入划痕和噪点元素。

- 要点提示：波形变形
- 素材路径：素材 \ 第 8 章 \8.5
- 在线视频：第 8 章 \8.5 复古老电影画质——波形变形
- 应用场景：老电影、年代感视频
- 魅力指数：★ ★ ★ ★

01 将"吉他""噪波"素材导入素材箱，然后将视频素材依次层叠拖入时间轴，如图 8-18 所示。

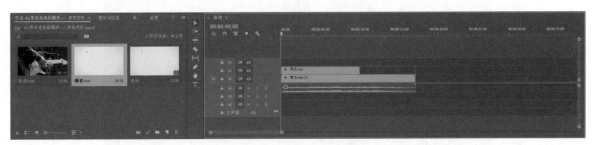

图8-18

02 选中"噪波"素材，打开"效果控件"窗口，将"不透明度"选项下的"混合模式"选项改为"柔光"，如图 8-19 所示。

图8-19

03 新建"调整图层"并拖至 V3 轨道,将"调整图层"素材长度调整至与"噪波"素材长度一致,然后添加"视频效果" > "扭曲" > "波形变形"效果,如图 8-20 所示。

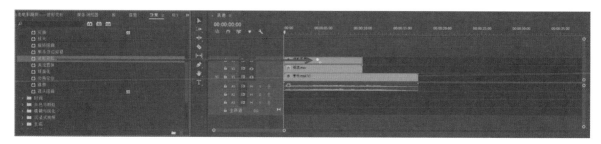

图8-20

04 选中"调整图层"素材,打开"效果控件"面板,将"波形变形"选项下的"波形类型"设置为"杂色","波形高度"参数调整为 3,"波形宽度"参数调整为 5,"方向"参数调整为 180.0°,"波形速度"参数调整为 3.0,如图 8-21 所示。

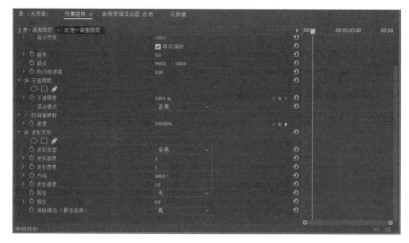

图8-21

05 将操作面板切换到"颜色"面板，打开"色轮和匹配"下拉菜单，分别将"阴影""中间调""高光"3
个色轮都向"黄色"方向调整，如图 8-22 所示。

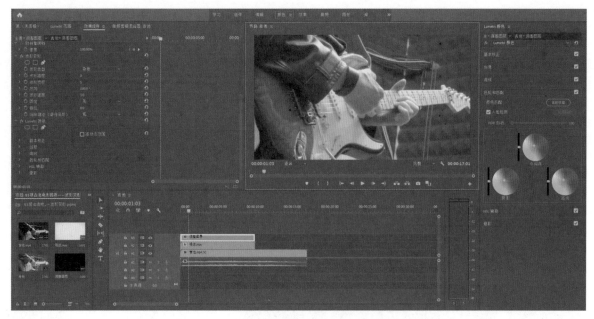

图8-22

06 最终案例效果如图 8-23 所示。

图8-23

8.6 双重曝光——混合模式

双重曝光是一种摄影手法，指在同一张底片上进行多次曝光，让影像重叠在同一底片上，根据同样的原理，
本节用视频的形式来展示双重曝光的视觉效果。

- 要点提示：混合模式
- 在线视频：第 8 章 \8.6 双重曝光——混合模式
- 素材路径：素材 \ 第 8 章 \8.6
- 应用场景：抽象、意境
- 魅力指数：★★★★

01 将"夜景延时""求婚"素材导入素材箱，然后将视频素材依次层叠拖入时间轴，如图 8-24 所示。

图8-24

02 选中"求婚"素材，打开"效果控件"面板，将"不透明度"选项下的"混合模式"选项改为"变亮"，如图 8-25 所示。

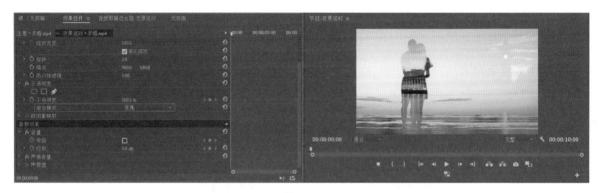

图8-25

03 选中"求婚"素材，然后将操作面板切换到"颜色"面板，在"Lumetri 颜色"面板中将"基本校正"下拉菜单中的"对比度"参数调整为 -55.0，"高光"参数调整为 40.0，"阴影"参数调整为 -60.0，"白色"参数调整为 60.0，"黑色"参数调整为 -50.0，如图 8-26 所示。

图8-26

04 最终案例效果如图8-27所示。

图8-27

8.7 盗梦空间镜像人生——镜像

对画面进行左右互换或者上下互换，然后将互换后的画面和原画面进行重组，这种效果叫作"镜像"。

• 要点提示：镜像效果
• 在线视频：第 8 章 \8.7 盗梦空间镜像人生——镜像
• 素材路径：素材 \ 第 8 章 \8.7
• 应用场景：城市、风光
• 魅力指数：★★★★★

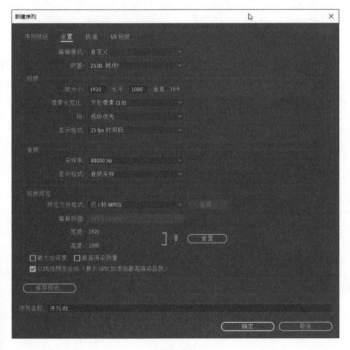

图8-28

01 将"镜像（一）"素材导入素材箱，然后新建一个帧大小为1920×1080，25帧/秒的高清序列，设置参数如图8-28所示。

02 将"镜像（一）"素材拖入时间轴，由于"镜像（一）"是 4K 素材与序列不匹配，所以会弹出"剪辑不匹配警告"窗口，此时单击"保持现有设置"按钮，如图8-29所示。

图8-29

239

03 选中"镜像(一)"素材,
打开"效果控件"面板,将"运
动"选项下的"缩放"参数调整
为 70.0,将时间针移至开始位置,
单击"位置"前面的"切换动画"
按钮，将代表 y 轴的参数调整为
700.0,然后将时间针移至 7 秒位置,
将代表 y 轴的参数调整为 360.0,
如图 8-30 所示。

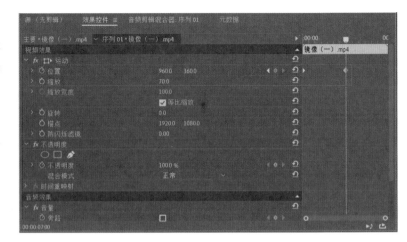

图8-30

04 打开"效果"面板,给"镜像(一)"素材添加"镜像"效果,然后将时间针移至开始位置,将"镜像"
选项下的"反射角度"参数调整为 90.0°,"反射中心"代表 y 轴的参数调整为 930.0,如图 8-31 所示。

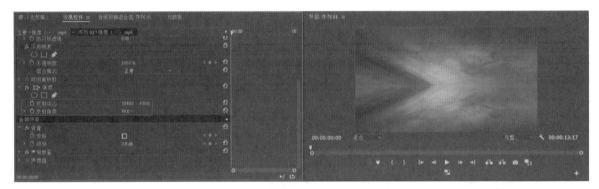

图8-31

05 单击"镜像"选项下的"反
射中心"前面的"切换动画"按钮
，将时间针移至 7 秒处然后将"反
射中心"代表 y 轴的参数调整为
1400.0,如图 8-32 所示。

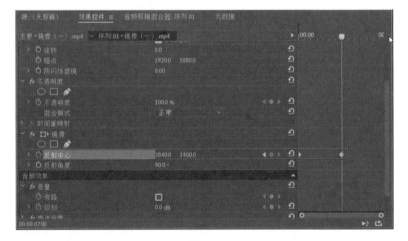

图8-32

06 同时选中调整"位置"和"反射中心"后得到的关键帧，右键单击，在弹出的列表中选择"临时插值" > "自动贝塞尔曲线"选项，如图 8-33 所示。

图8-33

07 最终案例效果如图 8-34 所示。

图8-34

8.8 无痕拉伸"大长腿"——变换

拉伸原理：用蒙版工具框选需要拉伸的部位，然后单独增加"高度"的数值，从而得到"大长腿"效果。

- 要点提示：变换效果
- 在线视频：第 8 章 \8.8 无痕拉伸大长腿——变换
- 素材路径：素材 \ 第 8 章 \8.8
- 应用场景：人物形体优化
- 魅力指数：★ ★ ★ ★

01 将"模特"素材导入素材箱，然后将其拖至时间轴，如图 8-35 所示。

图8-35

02 打开"效果"面板，将"视频效果" > "扭曲" > "变换"效果添加至"模特"素材，然后打开"效果控件"面板，取消勾选"等比缩放"前面矩形框，如图 8-36 所示。

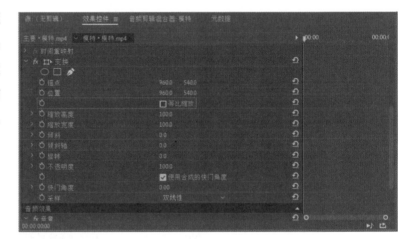

图8-36

03 将时间针移至 4 秒 13 帧的位置，单击"变换"选项下的"创新 4 点多边形蒙版"按钮，沿模特腿部处画出矩形选区，如图 8-37 所示。

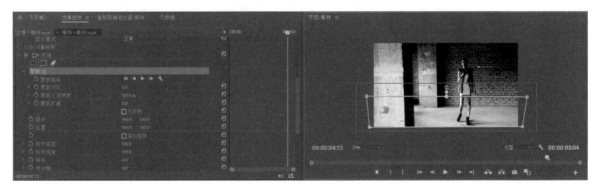

图8-37

04 将"蒙版（1）"选项下的"缩放高度"参数调整为110.0，"位置"中代表 y 轴的参数调整为526.0，如图8-38所示。

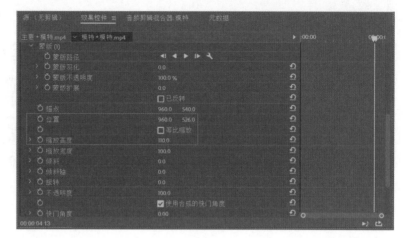

图8-38

05 最终案例效果如图 8-39 所示。

图8-39

8.9 人物美肤磨皮——Beauty Box 插件

Beauty Box 插件可自动识别皮肤区域并创建调整选区，通过设置选项中的平滑参数进行皮肤修饰。

• 要点提示：参数调整　　• 在线视频：第 8 章 \8.9 人物美肤磨皮——Beauty Box 插件
• 素材路径：素材 \ 第 8 章 \8.9　　• 应用场景：人物容貌优化　　• 魅力指数：★★★★

01 将"美女"素材导入素材箱，然后将其拖至时间轴，如图 8-40 所示。

图8-40

02 打开"效果"面板，将"Beauty Box"效果拖至"美女"素材，然后选中"美女"素材，打开"效果控件"面板，将"Mode"（模式）选项调整为"Add Color"（添加颜色），单击"Show Mask"（显示遮罩）前面的矩形框，在预览框中单击人物皮肤的部分，然后将"Hue Range"（色相范围）参数调整为6.0，"Saturation Range"（饱和度范围）参数调整为6.0，"Value Range"（取值范围）参数调整为12.0，如图 8-41 所示。

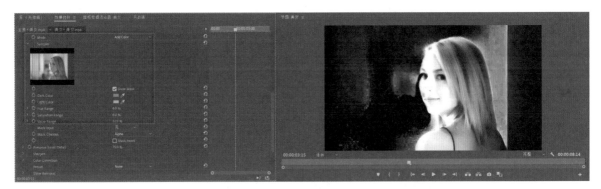

图8-41

03 取消勾选"Show Mask"（显示遮罩）前面的矩形框，将"Smoothing Amount"（平滑数量）参数调整为40.0，"Skin Detail Smoothing"（肤色细节平滑）参数调整为50.0，"Contrast Enhance"（对比度增强）参数调整为35.0，如图 8-42 所示。

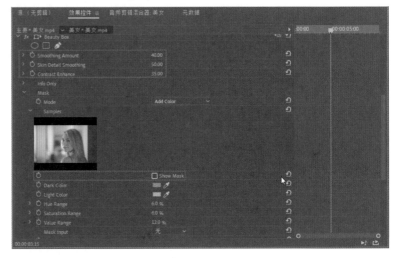

图8-42

04 最终案例效果如图 8-43 所示。

图8-43

实战练习：镜像效果拓展

参照"8.7"节中的镜像效果，使用不同的拼接方向制作一段连续的镜像视频。

• 操作提示：镜像角度结合运动关键帧　　• 强化技能：镜像效果　　• 难度指数：★★★★★
• 素材路径：素材 \ 第 8 章 \ 实战练习

镜像练习最终效果如图 8-44
所示。

图8-44

第 **9** 章

调色基础系统

　　在讲解调色之前我们先了解一下调色的目的或者是作用是什么,从客观的角度来说,调色是为了从形式上更好地表达视频中的内容,色彩的合理搭配可以烘托气氛,可以改变一部影片的风格,甚至对于整体的剧情把控都会起到决定性的作用。本章将从基础的色彩理论到整体的风格化调色进行逐一讲解,在调色中需要遵循的原则是:不夸张、不炫技,吻合视频主题。

9.1 色彩理论知识基础

本节从两个方面来讲解，首先是了解色彩的 3 个基本属性，然后是色彩的加色模式和减色模式。

9.1.1 基本属性 HSL

首先要了解的是色彩的 3 个基本属性，它们的英文缩写分别是：H、S、L，分别代表的意思为：色相（H）、饱和度（S）、亮度（L），下面我们将这 3 种属性拆分开进行逐一讲解。

色相（H）：色相是颜色的基本属性，代表的是肉眼能感知的色彩范围，也是区别不同颜色信息的重要特征，色相示意图如图 9-1 所示。

图9-1

饱和度（S）：饱和度是指色彩的纯度，饱和度越高，色彩越浓；饱和度越低，色彩越灰，也可以理解为颜色中的灰色越多，颜色就越淡，饱和度示意图如图 9-2 所示。

图9-2

亮度（L）：亮度是指色彩的亮暗程度，亮度越低，色彩越暗，趋近于黑色；亮度越高，色彩越亮，趋近于白色，亮度示意图如图 9-3 所示。

图9-3

9.1.2 RGB 和 CMYK

RGB 色彩模式又称"光的三原色"，由红（R）、绿（G）、蓝（B）3 种颜色组成，是一种加色模式，也就是颜色相加的成色原理，即红＋绿＝黄、红＋蓝＝品红、绿＋蓝＝青、红＋绿＋蓝＝白，在这其中又分为相邻色和互补色，例如：红色的相邻色就是黄和品红，红色的互补色就是青。在实际调色过程中相邻色和互补色的应用非常重要，例如，如果需要增加画面中的"红色"，那么可以通过增加它的相邻色或者减少它的互补色来实现，实际操作就是增加"品红"和"黄"或者减少"青"，RGB 色彩成色原理示意图如图 9-4 所示。

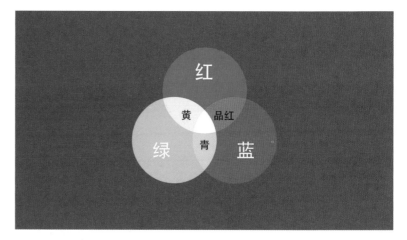

图9-4

CMYK 色彩模式又称"印刷三原色"，一般在打印输出中比较常用，由青（C）、品红（M）、黄（Y）3 种颜色组成，是一种减色模式，具体表现是：青 + 品红 + 黄 = 黑，CMYK 色彩成色原理示意图如图 9-5 所示。

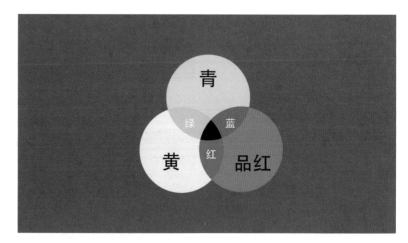

图9-5

知识拓展

• "K" 代表的是：黑色。

9.2 认识示波器

在实际调色中，由于人眼长时间看一种画面就会适应当前的色彩环境，看到的画面色彩会存在误差，所以在调色时还需借助标准的色彩显示工具来分析色彩的各种属性，本节讲解 3 种比较常用的示波器。

9.2.1 分量图

分量图的主要作用是用来观察画面中红、绿、蓝的色彩平衡，通过 RGB 色彩的加色原理解决素材画面的偏色问题，在下面这张图中肉眼可以看出整体画面是偏黄的，在 RGB 分量图中红色和绿色又相对偏高，结合 RGB 的加色原理：红 + 绿 = 黄，就不难判断出整体画面偏黄色的原因，如图 9-6 所示。

图9-6

在分量图的左侧 0~100 的数值代表的是亮度值，从上到下大概分为 3 个部分："高光区""中间调""阴影区"。从图中可以看到红色和绿色偏高的部分主要集中在"高光区"，这时我们只要将"高光区"的黄色部分向它的互补色方向调整，即可让红、绿、蓝 3 个通道达到平衡，如图 9-7 所示。

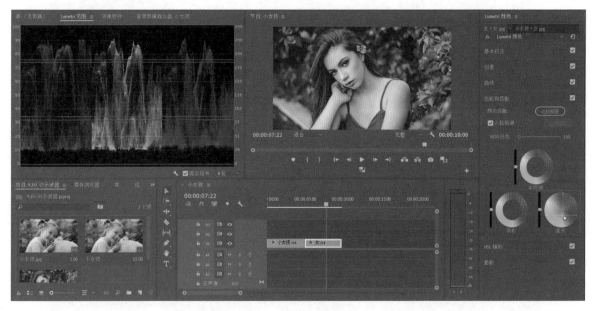

图9-7

以上就是分量图的主要功能演示。

9.2.2 波形图

波形图可以看做是分量图的合体，通过它可以实时预览画面的色彩和亮度信息。波形图的纵坐标从下到上代表的是 0~100 的亮度值，横坐标代表的是横向空间位置对应像素点的色度信息，在一般调色时波形的阴影部分处于刻度 10 附近，高光部分处于刻度 90 附近，则可认为是曝光正常，特殊情况除外，如图 9-8 所示。

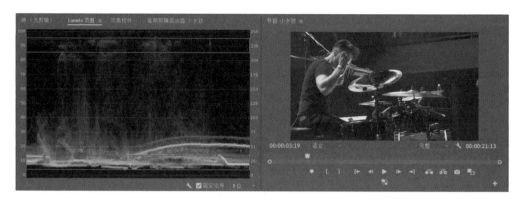

图9-8

如果"高光区"溢出画面则会曝光过度，如图 9-9 所示。

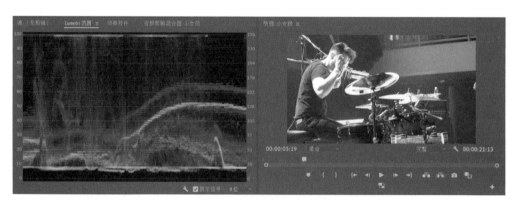

图9-9

如果"阴影区"溢出画面则会丢失暗部细节，如图 9-10 所示。

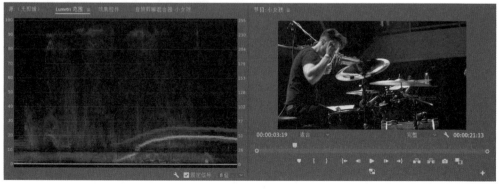

图9-10

9.2.3 矢量示波器 YUV

矢量示波器代表的是色彩倾斜方向和饱和度，也可以将它看成是一个色环，由中心位置向外扩散，白色信息倾斜的方向就是画面趋近的色相，白色信息距离中心点越远说明该方向的画面饱和度就越高。除此之外，还可以通过矢量示波器观察画面的色彩搭配，如图 9-11 所示。

图9-11

在示波器中的"六边形"代表的是饱和度的安全线，如果白色部分超过"六边形"则会出现饱和度过高的情况，如图 9-12 所示。

图9-12

在 Y（黄色）和 R（红色）中间的这条线叫作"肤色线"，当我们用蒙版只选中人物皮肤时，白色部分分布与"肤色线"重合，表示人物肤色正常，不偏色，如图 9-13 所示。

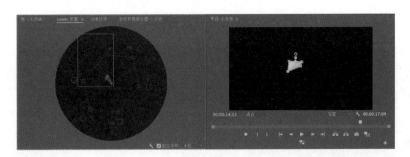

图9-13

知识拓展

• 通过调整"Lumetri 范围"面板下侧的"扳手"图标可以切换示波器的类型。

9.3 Lumetri 颜色

"Lumetri 颜色"是目前 Premiere 中常用的调色工具，其中包含：基本矫正、创意、曲线、色轮和匹配、HSL 辅助等多种工具，在一般调色中只需在"Lumetri 颜色"这一个效果内就可以完成一级调色和二级调色，本节结合比较常用的工具和参数进行详细讲解。

9.3.1 基本矫正

将调色素材导入时间轴，然后将编辑选项切换到"颜色"面板，打开"Lumetri 范围"面板，如图 9-14 所示。

图9-14

要点提示

为了对比说明不同调色工具的平衡关系，下面调整均以图 9-14 为参照图。

在"基本矫正"中包含"白平衡"和"色调"两个选项，下面我们对选项内的各种参数进行逐一讲解。

"白平衡选择器"。白平衡选项器是自动调整白平衡的一种工具，在使用时我们只需要用"吸管"工具吸取画面中的"中间色"的部分，一般选择白色或者灰色的部分，软件就会自动矫正画面的偏色问题，需要注意的是如果在拍摄中没有使用标准的色卡，那么矫正效果会有不同程度的偏差，演示操作如图 9-15 所示。

图9-15

"色温"和"色彩"。这两种参数的实际原理就是之前讲到的"互补色"概念，在整体画面存在偏色问题时可以利用"想要减少画面中的某种颜色，只要增加它的'互补色'"这一概念进行调整，还可以为了达到某种风格让画面偏向某一种颜色，例如，将画面调整为整体偏冷色调，只需要将色温向"蓝色"方向调整即可，如图 9-16 所示。

图9-16

"曝光"。从调光的角度来讲，曝光是将画面中所有元素信息进行亮度的整体调整，即将亮度进行整体的升高或者降低，例如，将"曝光"参数调整至 2.0，从感官上来看画面的整体亮度增加，从分量图来看红、绿、蓝 3 个通道整体向"高光区"集中，如图 9-17 所示。

图9-17

"对比度"。对比度在画面效果中的影响非常关键，一般来说对比度越大画面的层次感越强、画面细节越突出、画面越清晰，例如，将对比度参数调整至 100.0，从感官上来看画面的清晰度增加，从分量图来看红、绿、蓝 3 个通道均向上下两端扩展，如图 9-18 所示。

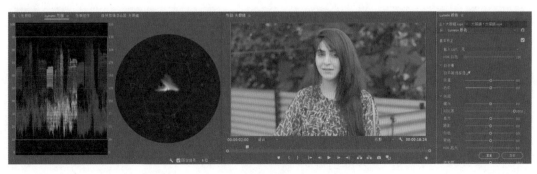

图9-18

"高光"和"白色"。高光和白色都是用于调整画面中较亮部分的色彩信息，下面用两组极端值对比一下两者的区别，将高光参数调整至 100.0，从感官上来看画面的高光部分变亮，从分量图来看红、绿、蓝 3 个通道亮度部分向"高光区"集中，且"阴影区"信息保留，如图 9-19 所示。

图9-19

将"白色"参数调整至 100.0，从感官上来看画面的高光部分变亮，从分量图来看红、绿、蓝 3 个通道亮度部分和阴影部分均向"高光区"集中，如图 9-20 所示。

图9-20

从以上两组极端值的对比可以看出，高光和白色的共同点是都可以增加画面的亮度部分，其中高光增加亮度的幅度相对较小，保留阴影部分的细节；白色增加亮度的幅度相对较大，不保留阴影部分的细节。

"阴影"和"黑色"。阴影和黑色都是调整画面中暗部的色彩信息，下面用两组极端值对比一下两者的区别，将阴影参数调整至 -100.0，从感官上来看画面的大部分区域变暗，从分量图来看红、绿、蓝 3 个通道的暗部和少量亮部向"阴影区"集中，如图 9-21 所示。

图9-21

将黑色参数调整至 -100.0，从感官上来看画面的阴影部分变暗，从分量图来看红、绿、蓝 3 个通道的暗部向"阴影区"集中，有少量的暗部信息溢出，如图 9-22 所示。

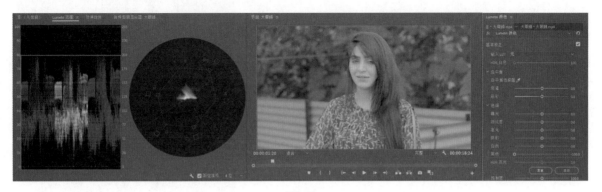

图9-22

从以上两组极端值的对比可以看出，阴影和黑色的共同点是都可以增加画面的暗部信息，其中阴影增加暗部信息的幅度相对较小，但是会影响画面中的亮部信息；黑色增加暗部信息的幅度相对较大，基本不影响画面中的亮部信息。

9.3.2　曲线

将调色素材导入时间轴，然后将编辑选项切换到"颜色"面板，打开"Lumetri 范围"面板，如图 9-23 所示。

图9-23

"RGB 曲线"。RGB 曲线共分为 4 种模式，分别是 RGB 模式、红色模式、绿色模式、蓝色模式。

RGB 模式：调整整体画面的色彩亮度，x 轴大致可以分为"阴影区""中间调""高光区"，y 轴代表的是色彩的亮度值，如图 9-24 所示。

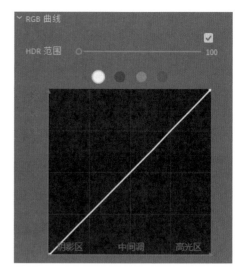

图9-24

演示：增加整体画面的对比度，就是"让亮部的更亮，暗部的更暗"，在白色线上单击鼠标左键，打 3 个标记点，将"高光区"的部分向上提，将"阴影区"的部分向下降，示意图和画面效果如图 9-25 所示。

图9-25

红色模式：调整画面中红色通道的亮度，x 轴大致可以分为"阴影区""中间调""高光区"，y 轴代表的是红色的亮度值，绿色模式和蓝色模式同理，如图 9-26 所示。

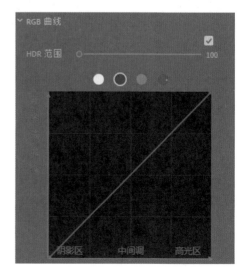

图9-26

演示：增加画面中"高光区"的红色信息，在"阴影区"和"中间调"内打 4 个标记点，然后将"高光区"的曲线向上提，示意图和画面效果如图 9-27 所示。

图9-27

• 在"阴影区"和"中间调"内打 4 个标记点的目的是为了不受"高光区"调整的影响。

9.3.3 色轮和匹配

在"色轮和匹配"选项中包含"阴影""中间调""高光"3 种不同参数的色轮，色轮分为"色环"和"滑块"两部分，"色环"控制画面中的色相，"滑块"控制画面中的明暗，实际调色原理和"RGB 曲线""基本校正"的原理相同，区别在于用"色环"结合"相邻色"和"互补色"原理调整色相会更加直观，操作面板如图 9-28 所示。

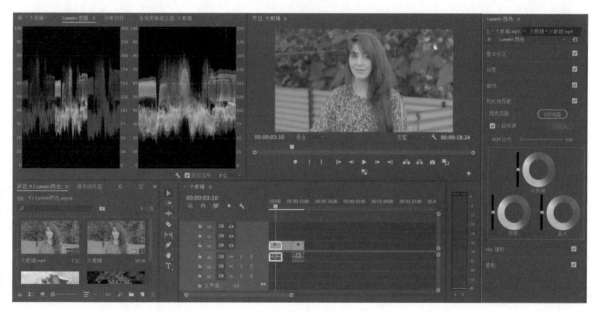

图9-28

演示：在分量图中将画面的高光和阴影分别调至刻度 90 和刻度 10 附近，增加画面的对比度，然后将画面的高光部分调至偏蓝，将阴影部分调至偏黄，使人物和背景形成冷暖色调的对比，操作示意图如图 9-29 所示。

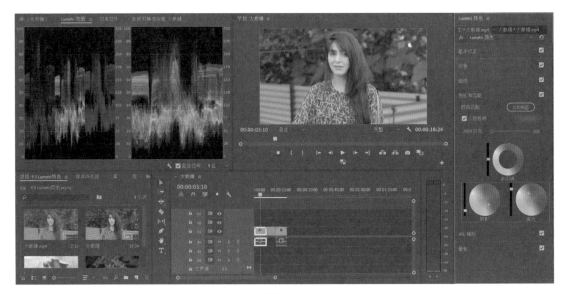

图9-29

9.3.4 HSL 辅助

结合"9.1.1 节"中 H、S、L 的理论知识，本节主要讲解如何通过这 3 种色彩的基本属性建立颜色选区，以单独调整画面中某一部分的色彩而不影响画面中其他的色彩信息，调色画面如图 9-30 所示。

图9-30

从这个画面中可以看出"红花"和背景之间最大的属性差异是色相，利用"吸管工具"吸取"红花"部分的颜色，然后勾选"彩色 / 灰色"前面的矩形框查看选取情况，再通过 和 按钮，添加或者删除不必要的选区，即可利用 HSL 的色彩属性将"红花"单独选取出来，如图 9-31 所示。

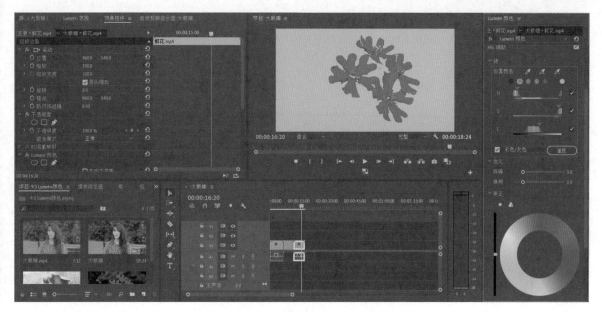

图9-31

选区确定好之后结合实际情况调整色彩参数，如图 9-32 所示。

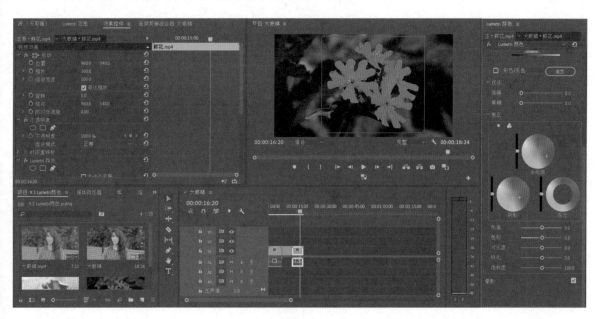

图9-32

以上就是结合 HSL 建立颜色选区的基本操作，在复杂的画面中还需要借助色彩的其他属性，达到局部调色的目的。

知识拓展

- "基本校正""曲线""色轮"三者是平行关系，在调色时结合画面的实际情况选择其中一项进行校准即可。

调色技巧实战应用

本章主要讲解画面中色彩的应用，通过"建立选区""色相饱和度曲线""色彩搭配""LUT 的使用"等方法和技巧教读者如何做出一系列的调色效果，然后通过学习 Log 素材的分级调色，读者可以了解调色的知识体系。

10.1 保留那一抹绚烂

保留画面中的单一色彩，营造深层次的画面含义，影片《辛德勒的名单》中就用到了这种调色方法。

- 要点提示：参数设置
- 在线视频：第 10 章 \10.1 保留那一抹绚烂
- 素材路径：素材 \ 第 10 章 \10.1
- 应用场景：色差较大的画面
- 魅力指数：★ ★ ★

01 将"鲜花"素材导入素材箱，然后将其拖至时间轴，如图 10-1 所示。

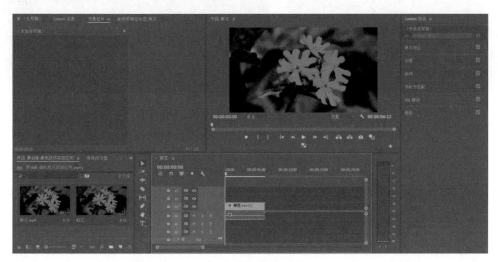

图10-1

02 打开"效果"面板添加"视频效果" > "颜色较正" > "保留颜色"效果，选中"鲜花"素材，打开"效果控件"面板，如图 10-2 所示。

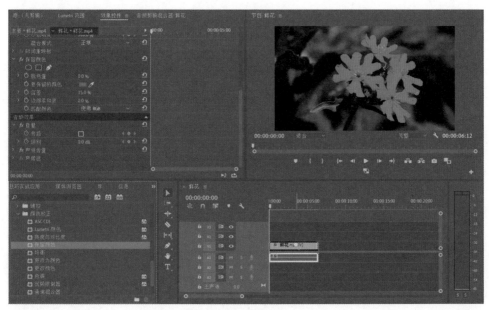

图10-2

261

03 选择"吸管工具" 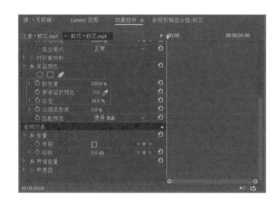 吸取画面中的红花，将"脱色量"参数调整为 100.0%，"容差"参数调整为 36.0%，如图 10-3 所示。

04 最终案例效果如图 10-4 所示。

图10-3

图10-4

10.2 春夏秋冬任你选

改变画面中植被的颜色，从而做到在季节"切换"的效果。

- 要点提示：色相与饱和度曲线
- 素材路径：素材 \ 第 10 章 \10.2
- 在线视频：第 10 章 \10.2 春夏秋冬任你选
- 应用场景：自然环境
- 魅力指数：★ ★ ★ ★

01 将"心形树"素材导入素材箱，然后将其拖至时间轴，如图 10-5 所示。

图10-5

02 选择"Lumetri 颜色">"色相饱和度曲线">"色相与色相"选项中的"吸管工具" ⫰，吸取画面中红色树叶的颜色，如图 10-6 所示。

图10-6

03 将中间的标记点向下拖至绿色区域，然后微调两端标记点的水平位置使画面原来为红色的区域完全被绿色覆盖，如图 10-7 所示。

04 最终案例效果，如图 10-8 所示。

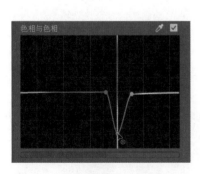

图10-7

图10-8

知识拓展

• 参考上述案例提供的思路，充分发挥"色相饱和度曲线"的强大功能。

10.3 日系小清新调色

小清新风格的调色思路：画面的整体亮一些，色彩搭配相对清淡，色调偏青绿色，画面暗部相对较浅，对比度较小。

- 要点提示：选区调整
- 在线视频：第 10 章\10.3 日系小清新调色
- 素材路径：素材 \ 第 10 章\10.3
- 应用场景：日系小清新
- 魅力指数：★ ★ ★ ★

01 将"清纯"素材导入素材箱，然后将其拖至时间轴，如图 10-9 所示。

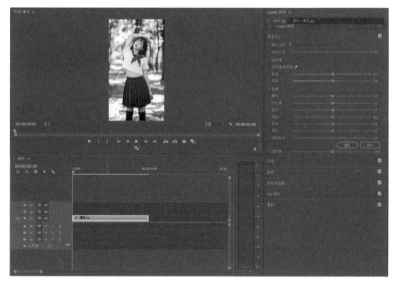

图10-9

02 根据介绍中的调色思路，下面调整画面白平衡和亮度，将"色温"参数调整为 -10.0，"对比度"参数调整为 28.0，"高光"参数调整为 -9.0，"阴影"参数调整为 20.0，如图 10-10 所示。

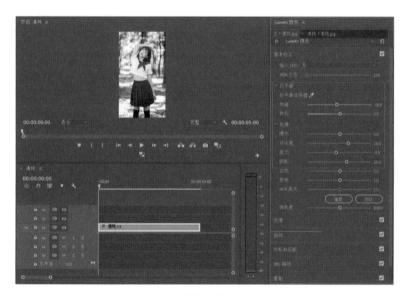

图10-10

03 打开 "HSL 辅助" 选项，使用 "吸管工具"  吸取背景中绿色的部分，打开 "彩色 / 灰色" 对比，进行背景色调的选取，如图 10-11 所示。

图10-11

04 分别调整 H、S、L 的滑块精确选区范围，如图 10-12 所示。

图10-12

05 增加选区的柔化度，将"模糊"参数调整为6.0，然后将色轮向青色方向调整，最后关闭"彩色 / 灰色"对比，如图 10-13 所示。

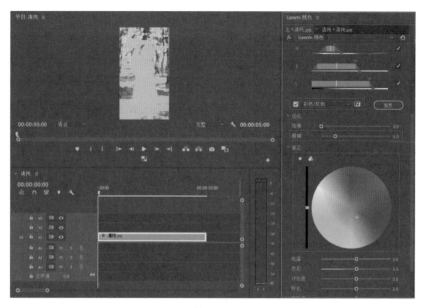

图10-13

06 最终案例效果，如图 10-14 所示。

图10-14

10.4 调色你只需一键

颜色匹配的本质含义是将"画面 A"的主要色调复制到"画面 B"中。

- 要点提示：操作步骤
- 素材路径：素材 \ 第 10 章 \10.4
- 在线视频：第 10 章 \10.4 调色你只需一键
- 应用场景：调色模仿
- 魅力指数：★ ★ ★ ★ ★

01 将"金秋""轨道"素材导入素材箱，然后将两段素材依次拖至时间轴，如图 10-15 所示。

图10-15

02 将时间针移至"轨道"素材区域，打开"Lumetri 颜色">"色轮和匹配"选项栏，单击"比较视图"按钮，如图 10-16 所示。

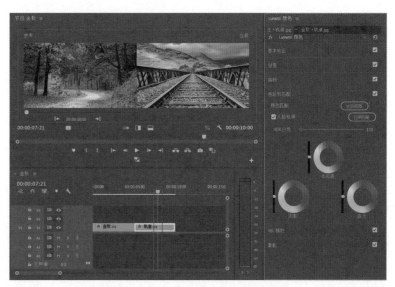

图10-16

03 在 "节目" 窗口中分为 "参考" 和 "当前" 两部分, 选定好 "参考" 画面后, 单击 "应用匹配" 按钮, "当前"画面就会自动匹配"参考" 中的画面色彩, 如图 10-17 所示。

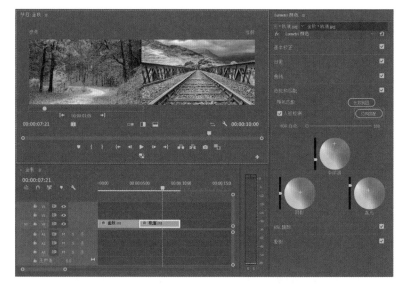

图10-17

04 最终案例效果如图 10-18 所示。

图10-18

10.5 电影感 LUT 预设

　　LUT 的中文含义是显示查找表 (Look-Up-Table), 本质上就是一个 RAM (随机存取存储器)。从调色角度来讲就是将调整好的色彩信息进行保存, 在以后的使用中可直接套用提前保存好的预设信息。

* 要点提示: 选择合适的 LUT
* 素材路径: 素材 \ 第 10 章 \10.5
* 在线视频: 第 10 章 \10.5 电影感 LUT 预设
* 应用场景: 调色通用
* 魅力指数: ★ ★ ★ ★ ★

01 将 "秋千" 素材导入素材箱, 然后将其拖至时间轴, 如图 10-19 所示。

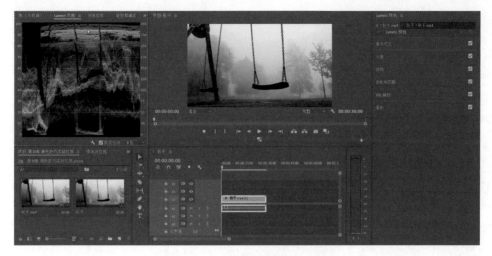

图10-19

02 打开"Lumetri 颜色">"创意"选项栏，单击"Look"后面的下拉箭头，选择"浏览"选项，如图 10-20 所示。

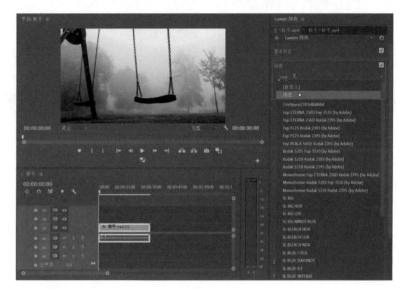

图10-20

03 选择预先准备好的"电影感冷色调"LUT，单击"打开"按钮，如图 10-21 所示。

图10-21

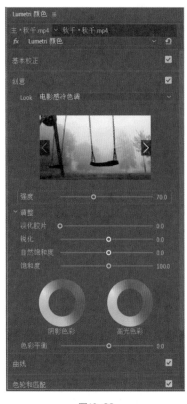

图10-22

图10-23

04 预设添加好之后，可以根据实际情况和个人喜好调整该预设的强度，如图 10-22 所示。

05 最终案例效果如图 10-23 所示。

10.6 Log 素材分级调色

最近几年新款的相机、微单在录制视频时都有 Log 模式，如索尼的 S-Log、佳能的 C-Log、松下的 V-Log、大疆的 D-Log 等，在 Log 模式下录制的视频对比度、饱和度都相对较低，呈现一种"灰片"的感觉。Log 素材的优势在于有较高的宽容度，可以给后期调色提供更大的提升空间。在调色时首先要将 Log 素材转换成 Rec.709 的色彩标准的素材，然后再进行整体的色彩校准，最后调整画面的局部色彩。

- 要点提示：调色步骤
- 素材路径：素材 \ 第 10 章 \10.6
- 在线视频：第 10 章 \10.6 Log 素材分级调色
- 应用场景：Log 模式素材
- 魅力指数：★★★★★

01 将"公园"素材导入素材箱，然后将其拖至时间轴，如图 10-24 所示。

图10-24

02 这里我们使用的是 D-Log 素材，需
要先将视频素材转换成 Rec.709 的色彩标
准的素材，打开"Lumetri 颜色"＞"基
本校正"选项栏，单击"输入 LUT"后
面的下拉箭头，选择"浏览"选项，如图
10-25 所示。

图10-25

03 选择预先准备好的"DJI_DLOG2R
ec709"LUT，单击"打开"按钮，这样
就完成了 Rec.709 的色彩标准转换，如图
10-26 所示。

图10-26

04 结合"第9章 调色基础系统"知识，对画面进行整体亮度的调整，将"高光"参数调整为85.0，"白色"参数调整为60.0，"黑色"参数调整为4.0，如图10-27所示。

图10-27

05 使用"HSL辅助"对画面进行局部调色，先将画面中"房顶"部分选取出来，如图10-28所示。

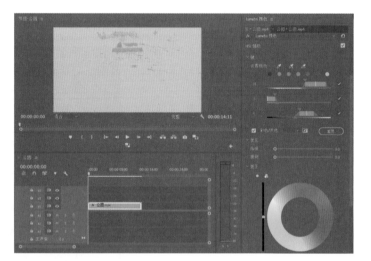

图10-28

06 将"模糊"参数调整为6.0，"阴影""中间调"色轮偏蓝色方向，"亮度值"降低，如图10-29所示。

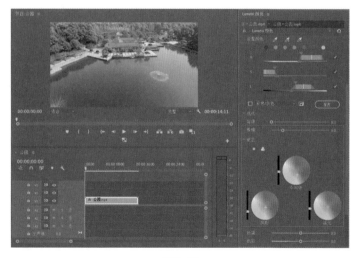

图10-29

07 打开"效果"面板,选择"Lumetri 颜色"
效果添加至"公园"素材,然后再次使用
"HSL 辅助"将画面中"绿色植被"部分
选取出来,如图 10-30 所示。

图10-30

08 将"高光""中间调""阴影"的色轮向绿色方向偏移,向上调整
亮度"滑块",将"饱和度"参数调整为 110.0,如图 10-31 所示。

09 使用"HSL 辅助"结合"蒙版工具"将画面中"湖水"的部分选取出来,
如图 10-32 所示。

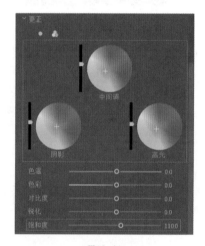

图10-31

图10-32

10 将色轮向"青蓝色"方向调整，并移动"滑块"降低"湖水"亮度，如图 10-33 所示。

11 这样就完成了从整体到局部的调色流程，最终效果如图 10-34 所示。

图10-33　　　　　　　　　　　　　　　　　　　　图10-34

知识拓展

• Rec.709 色彩标准：用于互联网媒体的 sRGB 色彩空间，大部分影片在后期发行的过程当中，都需要在原片的基础上参照 Rec.709 色彩标准进行转码，以适应主流的播放载体。

• 各大相机厂商官方都会提供相应 Log 素材转 Rec.709 的 LUT。

实战练习：分量图调色

根据调色内容的学习，祛除视频素材中的红色内容。

• 操作提示：观察 RGB 分量图　　　　• 强化技能：色彩校正　　　　• 难度指数：★ ★ ★

• 素材路径：素材\第 10 章\实战练习

分量图调色最终效果如图 10-35 所示。

图10-35

第 11 章

拍摄入门理论

画面质量的提高除了靠后期调整之外，更重要的在于前期拍摄画面的质量。通常在拍摄中遵循这样一个原则：前期拍摄能解决的问题就不要依赖后期。那么在拍摄中有哪些点是需要注意的呢？一般来讲主要包括画面的明暗、色温、景别、构图等属性，这几种属性从根本上决定着画面的质量，同时也是每一位摄影初学者的"必修课"。

11.1 曝光

曝光可以理解为是相机成像的过程，指相机的感光元件在接收外界光线时，不同亮度的光线对画面产生的影响，其中画面是否能正确曝光取决于光圈、快门、感光度三大要素。

11.1.1 快门

快门是相机中控制光线对感光元件照射时长的装置，通过光进入的时间长度来控制进光量的多少。在光圈和感光度不变的情况下，快门时间越短进光量越少，画面越暗，如图 11-1 所示；快门时间越长进光量则越多，画面越亮，如图 11-2 所示。

图11-1

图11-2

较快的快门速度适合拍摄高速运动的物体，如极限运动、水滴滴落过程等，如图 11-3 所示。

较慢的快门速度适合拍摄物体运动的轨迹，如车轨、星轨等，如图 11-4 所示。

图11-3

图11-4

11.1.2 光圈

光圈是用来控制光线通过镜头进入机身感光范围的装置，可以通过改变孔状光栅的面积来达到控制镜头的通光量，光圈大小用 F 值表示，光圈值大致分为：F1.0、F1.4、F2.0、F2.8、F4.0、F5.6、F8.0、F11、F16、

F22。在快门不变的情况下，F 后面的数值越小，光圈越大，进光量越多，画面比较亮；F 后面的数值越大，光圈越小，进光量越少，画面比较暗。值得注意的是，光圈除了影响画面的曝光外，还会对景深产生影响，光圈越大，景深越浅，焦平面越窄，主体前后虚化越大，在大光圈情况下拍摄的照片，如图 11-5 所示；光圈越小，景深越深，焦平面越宽，主体前后越清晰，在小光圈情况下拍摄的照片，如图 11-6 所示。

图11-5

图11-6

11.1.3 感光度

感光度就是指感光元件对光线的敏感程度，英文标识是 ISO，感光度越大，相机对光线越敏感。在光圈和快门不变的情况下感光度的数值每增加一倍，相机对光线的敏感程度也会增加一倍，我们常用的感光数值一般在 100~6400 之间。在拍摄中，感光度较低时不影响画面的清晰度，增加感光度数值，画面的噪点也会增加，所以不要过度提高感光度，一般可以通过增加灯光、延长快门时间来避免曝光不足的情况，图 11-7 所示的是较低感光度和较高感光度下拍摄的画面对比。

图11-7

11.2 色温和白平衡

色温以"开尔文"为单位，通常用 K 表示，是衡量光源颜色的物理量。生活中常见的色温一般是从 1800K 到 8000K，例如：烛光的色温大致为 1800K、钨丝灯的色温大致为 2800K、日光的色温大致为 5500K、北方蓝天的色温大致为 8000K 等。数值越高，色温越高，画面越蓝；数值越低，色温越低，画面越黄，如图 11-8 所示。

图11-8

与色温密不可分的一个概念是白平衡，白平衡就是保持"白色"的平衡，也就是将白色还原为白色的过程，可以理解为："色温"是环境中固然存在的，"白平衡"是为了补偿色温的影响而出现的矫正"工具"。因为"补偿关系"的存在，所以相机的色温和环境中的色温正好相反，如图 11-9 所示。

图11-9

当我们在蓝色光源的场景中，其中的白色物体因为光的原因会被染成蓝色，由于人眼有"自动色偏还原"的功能，即使在蓝光的环境下我们也会认为白色还是白色，但是相机不具备这种还原色偏的能力，这时就需要白平衡来校正色偏的问题。当相机内的色温值与外界环境的色温相同时，相机就能正确地还原环境中的白色，例如，当外界色温为 5600K 时，我们将相机内色温值也设置为 5600K，这样画面中的白色就能被正确还原，如果我们将相机内色温设置为 7000K，这时画面就会偏暖，因为相机会认为外界色温是偏蓝的，因此需要增加黄色来补偿环境中的蓝色，来实现还原白色的目的；反之，如果将相机内色温设置为 4000K 时，画面就会偏冷，图 11-10 所示的是 4000K、5600K、7000K 的画面对比。

图11-10

11.3 景别

景别是指被拍摄主体在画面中呈现出的范围大小，根据不同的范围大小景别大致可以分为 5 种，分别是：远景、全景、中景、近景、特写。

11.3.1 远景

远景一般用来表现远离摄影机的环境全貌，展现人物和周围的空间环境，画面中人物占比相对较小，以背景为主，画面给人整体感，常用于介绍环境、烘托氛围，如图 11-11 所示。

图11-11

11.3.2　全景

全景展示的画面信息比较丰富，主要表现人物全身，人物活动范围较大，对人物动作、衣着打扮交代得比较清楚，能够全面阐释人物与环境之间的关系，如图 11-12 所示。

图11-12

11.3.3　中景

中景具有较强的叙事功能，对于环境的相代能力相对较弱，与全景相比包含景物的范围有所缩小，重点在于表现人物的上身动作，在包含对话、动作和情绪交流的场景中，利用中景景别可以最有利地兼顾人物之间、人物与环境之间的关系，中景的特点也决定了它可以更好地表现人物的身份、动作以及动作的目的，如图 11-13 所示。

图11-13

11.3.4　近景

近景一般拍摄人物的胸部以上部分，或者物体的局部，能详细看清人物的细微动作情感表达，注重表现人物的面部表情、情绪变化以及景物的局部状态，是刻画人物性格最有力的景别，如图 11-14 所示。

图11-14

11.3.5　特写

拍摄人物的肩部以上头顶以下部位，或被摄对象局部的镜头称为特写镜头。特写镜头能细微地表现人物面部表情，刻画人物内心，突出细节，无论是人物或其他拍摄对象均能给观众强烈的印象，如图11-15所示。

图11-15

11.4 构图

生活中很多人拍照都是拿起手机或者相机，对着自己喜欢的物体直接按下快门，拍出来的照片越看越感觉很平常，但是又不知道问题出在哪里，而有些照片却是主题突出、主次分明、赏心悦目，这就是构图的强大作用，照片的构图原理也同样适用于视频，下面就列举一些比较经典的构图方式作为拍摄参考。

11.4.1　水平线构图

水平线构图一般适用于横屏画幅，以地平面为参考出现一条或多条水平线，适合平静、宽广的场景，给人平稳、安宁、舒适的感觉，如图 11-16 所示。

图11-16

11.4.2 垂直线构图

垂直线构图能充分显示出被拍摄物体的高度和深度，具有较强的立体感和空间感，常用于有竖线形状的物体结构，会使画面表现出挺拔、庄严、硬朗等感觉，如图11-17 所示。

图11-17

11.4.3 三分线构图

三分线构图也叫九宫格构图，是最基本最常见的构图方法之一，在大多数相机和手机中都配有 4 条辅助线，两横两竖将画面平分，在拍摄时将主体放在 4 个交点中的任意一点即可，这种构图符合人们的视觉习惯，应用广泛，如图 11-18 所示。

图11-18

11.4.4 对称构图

对称构图一般分为：上下对称和左右对称，多用于对称建筑、水面倒影的拍摄，具有平衡稳定、表现唯美意境的特点，如图 11-19 所示。

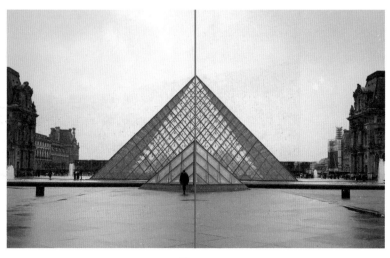

图11-19

11.4.5 对角线构图

对角线构图是将主体安排在画面对角线的位置，这种构图具有延伸感，使画面富于动感，具有活力，能达到吸引视线、突出主体的效果，如图 11-20 所示。

图11-20

11.4.6 引导线构图

引导线构图是通过线条状物体的汇聚来连接画面主体和背景元素，将观众的视线引向画面深处，具有增强画面张力与冲击力的作用，如图 11-21 所示。

图11-21

11.4.7 简约构图

简约构图也被称为学习摄影的第一步，可以理解为给画面内容做"减法"，去掉画面中无关的内容，给人一种简洁明了、一望而知的感觉，从艺术表现上来讲给人留下丰富的想象空间，如图 11-22 所示。

图11-22

11.4.8 纵深构图

纵深构图最重要的作用就是增加画面的层次感，将二维画面拍出三维空间的感觉，其中正确利用前景是创造画面层次感的有效方法，如图 11-23 所示。

图11-23

11.4.9 预留空间构图

当人物的视线看向画面之外时，需要在视线的方向上预留出足够的空间，使得画面在"视觉重量"上得以平衡，这种构图方法称为预留空间构图，如图 11-24 所示。

图11-24

第 **12** 章

短视频十大拍摄技巧

结合前面的理论知识，本章将结合实拍案例讲解在拍摄短视频中常用的 10 种运镜技巧，包含街拍技巧、构图方式、角度掌握、技巧性转场等，使用设备有：Osmo Mobile 2、iPhone XR。

12.1 脸大可以这样拍

侧面跟拍。模特在墙边或者商铺前行走，拍摄模特侧脸且镜头稍微仰起，这样街拍时既可避开人群又可交代环境，对比示意图如图 12-1 所示。

图12-1

12.2 选好背景很重要

后退跟拍。模特向前行走，摄影师后退跟拍并保持距离不变，镜头稍微仰起，利用纵深感背景做陪衬突出人物，注意人物两边空间保持大概一致，如图 12-2 所示。

图12-2

12.3 这个角度腿很长

　　低角度跟拍。模特走在笔直的马路或桥面上，摄影师低角度仰拍，人物上下留有一定空间，画面不宜过挤，构图宽阔大气，对比示意图如图 12-3 所示。

图12-3

12.4 特写镜头不能少

　　局部特写跟拍。镜头平视模特脚部，拍摄时在运动趋势的同方向留有一定空间，并预判行走速度，摄影师的行走速度尽量与模特保持一致，如图 12-4 所示。

图12-4

12.5 动静结合才更美

动静结合。拍摄前规划好模特走位，镜头先是固定不动等待模特走入画面，当模特走到特定位置时镜头开始运动，如图12-5所示。

图12-5

12.6 环绕也要有技巧

环绕跟拍。模特抬头仰望某一方向，摄影师环绕模特，运动过程中尽量保持匀速，镜头仰起，模特在画面中的位置保持不变，如图12-6所示。

图12-6

12.7 垂直俯拍出大片

旋转上升。利用手机稳定器让镜头垂直俯视某一物体，镜头向上移动的同时，拨动稳定器摇杆水平方向旋转手机，如图12-7所示。

图12-7

12.8 天空下面我和我

相似场景转场。镜头一：拍摄时模特位置保持不变，镜头从模特向上摇向天空，直到画面中没有任何遮挡物，如图 12-8 所示。

图12-8

镜头二：模特更换场景，镜头从天空向下摇向模特，如图 12-9 所示。

最后通过后期剪辑合成相似场景转场效果。

图12-9

12.9 两镜结合更炫酷

上下遮挡物转场。镜头一：模特在高处台阶行走，镜头从模特位置向下摇向墙壁，如图 12-10 所示。

镜头二：从遮挡物向下摇至模特，两次行走方向一致，如图 12-11 所示。

图12-10　　　　　　　　　　　　　　　　　图12-11

最后通过后期剪辑合成上下遮挡物转场效果。

12.10 格调不够转场凑

左右遮挡物转场。镜头一：模特在有柱子的街边行走，摄影师以柱子为前景侧面跟拍，直到柱子完全遮住镜头为止，如图 12-12 所示。

镜头二：模特更换场景，镜头以另外一个遮挡物为开始位置，模特与摄影师在同一方向上同时运动，直到模特完全进入画面，如图 12-13 所示。

图12-12　　　　　　　　　　　　　　　　　图12-13

最后通过后期剪辑合成左右遮挡物转场效果。

第 **13** 章

短视频剪辑全流程

视频素材拍摄完成后就要进入剪辑的环节，对于很多初学者来说，当看到混乱的视频素材后总感觉无从下手。本章从分析思路、整理素材、粗剪、精剪等方面进行讲解，最后通过剪辑实战演练案例对短视频剪辑全流程进行梳理，希望读者学习后能对本章内容学以致用。

13.1 思路分析

在开始视频剪辑之前，思路分析是必不可少的环节，剪辑思路的确定直接影响视频质量和剪辑效率。无论是街拍、旅拍还是已经确定剧情的故事片，对于剪辑师来说心中都要有自己明确的剪辑目标，由于视频类型不同，剪辑思路也不同，本章主要讲解针对旅拍 Vlog、生活 Vlog、故事类短视频 3 种类型视频的对剪辑思路。

13.1.1 旅拍 Vlog 剪辑思路

由于旅行拍摄的不确定性，在拍摄过程中很多内容并不在计划之内，除了已定的拍摄路线和目标拍摄物之外，多数内容需要摄影师在旅行过程中根据场景的实际内容即兴发挥，而这种拍摄的未知性也给后期制作提供了开放式的剪辑条件，然而在开放式的环境下同样也有一定的规律可循，下面我们列出 3 种比较典型的剪辑手法，以供大家参考。

"排比"剪辑法。该方法通常应用于多组不同场景、相同角度、相同行为的镜头进行组接，如图 13-1 所示。

图13-1

相似物剪辑法。以不同场景、不同物体、相似形状、相似颜色进行素材组接。例如，飞机和鸟，如图 13-2 所示；摩天轮和镜头，如图 13-3 所示；模型和冰激凌，如图 13-4 所示。

图13-2

图13-3

图13-4

逻辑剪辑法。事物 A 和事物 B 动作衔接匹配、镜头 A 和镜头 B 相关或相连贯运动的匹配。例如，跳水运动员和溅起的水花，如图 13-5 所示；扣篮和体育场，如图 13-6 所示。

图13-5

图13-6

13.1.2　生活 Vlog 剪辑思路

生活 Vlog 通常以"第一人称"的形式去记录拍摄者生活中所发生的事情，这类视频主要以时间、地点、事件为录制顺序，录制时间比较长，一般在几个小时甚至十几个小时左右，通常会记录下整件事情的所有经过，通过讲述的形式对视频展开讲解。在后期剪辑时面对巨大的素材量，这时遵循的剪辑思路是"减法"原则，也就是在现有视频的基础上尽量删除没有意义的片段，与此同时还要保证视频整体的故事性。故事性主要体现在整个过程中自述内容，在对自述过程剪辑时应删减忘词、冷场、尴尬、拖沓等情节，自述过程的作用是推进事件的发展，剪辑时做到每一句话都有推动故事情节，当视频到比较无聊的环节时可以添加一些空镜头或者小创意来增加视频的趣味性。如果视频整体时长较长，还可以通过分阶段的方式进行剪辑，将一整段视频划分成几个小部分，每一小部分都是递进式地推进故事发展。总之，一定要让观众的注意力始终跟着视频内容走就可以了，拍摄示意图如图 13-7 所示。

图13-7

13.1.3　故事类短视频剪辑思路

故事类短视频剪辑不同于旅拍、街拍剪辑，可以根据自己的喜好随意发挥，故事类短视频是依据剧本的情节发展进行拍摄的，由大量单个镜头组成，剪辑的难度也相对较大。一般在剪辑之前剪辑师首先要熟悉剧本，对剧情的发展方向有一个大致了解，除了少部分创意片外，一般剧情都遵循开端、发展、高潮、结局的内容架构，在剧情框架的基础上加入中心思想、主题风格、导演意向、剪辑创意等元素，这些元素的敲定也就确定了短视频的基本风格，最后根据短视频的基本风格挑选合适音乐、确定短视频大概时长。以上便是剪辑师在剪辑故事类短视频之前必须要考虑的问题。

13.2 整理素材

在思路分析了之后，下面就到了整理素材的环节，根据大致的剪辑思路将素材分类别或者分部分进行整理，本节将演示如何用 Premiere Pro CC 软件对素材进行标签颜色分类和标记范围划分。

13.2.1 标签颜色分类

首先将视频素材导入素材箱，然后单击"列表视图"按钮▤，将显示方式切换到列表视图模式，如图 13-8 所示。

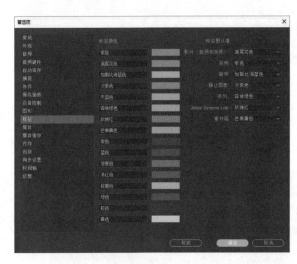

图13-8

标签颜色分类可采用自定义标记分类方式，执行"编辑"→"首选项"→"标签"命令，打开"首选项"窗口，如图 13-9 所示。

在"标签"选项内可以根据自己的需要自定义更改标记方式，例如，我们将标签分别改为"第一部分""第二部分""第三部分""特写""近景""全景"，为了不影响"标签默认值"尽量选择与其不重复的颜色进行标记，设置完成后，单击"确定"按钮，关闭窗口，如图 13-10 所示。

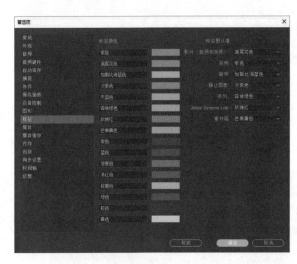

图13-9

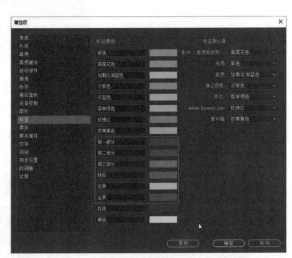

图13-10

接下来开始对素材进行分类，例如，选中"后退跟拍"素材，右键单击在弹出的下拉菜单中选择"标签"选项，然后再选择"第一部分"选项。选择完成后"后退跟拍"素材前面的色块标志会变成与"第一部分"相对应的颜色，如图13-11所示。

图13-11

使用上述方法根据自己的需要将所有的素材进行分类，分类完成效果如图 13-12 所示。

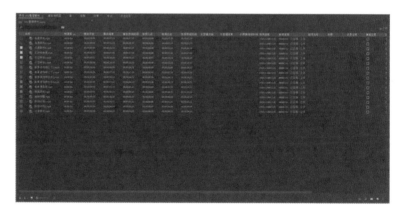

图13-12

将所需素材按照"标签"的方式分类完成后，就可以根据分类标签准确地找到自己所需要的素材，在素材箱的空白处右键单击，选择"查找"选项，弹出"查找"窗口，如图 13-13 所示。

图13-13

如果需要查找"第一部分"和"第二部分"素材，只需将"运算符"选项分别设置为"第一部分"和"第二部分"，将"匹配"选项设置为"任意"，单击"查找"按钮即可自动选择这两部分素材，如图 13-14 所示。

图13-14

13.2.2　标记范围划分

在视频剪辑中通常需要对素材进行段落划分，这时就要用到范围标记功能。首先将"背景音乐"素材导入素材箱，然后双击"背景音乐"素材激活"源"窗口，如图13-15所示。

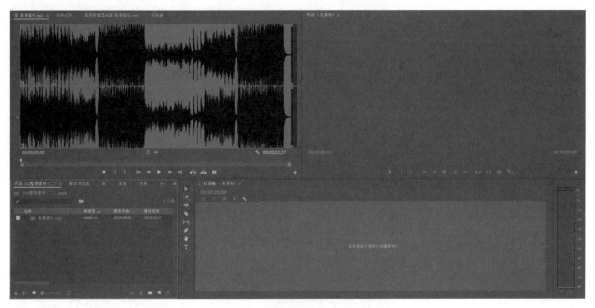

图13-15

在"源"窗口中可以给素材添加标记，单击"添加标记"按钮■或者按键盘 M 键即可根据自己的需要在任意位置添加"标记点"，如图13-16所示。

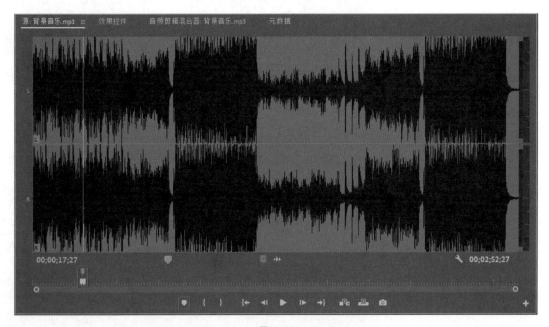

图13-16

双击"标记点"或者连续按两次 M 键会弹出"标记"窗口，如图 13-17 所示。

这里在"名称"输入框输入"开端"两字，将"持续时间"增加适当数值，最后单击"确定"按钮，如图 13-18 所示。

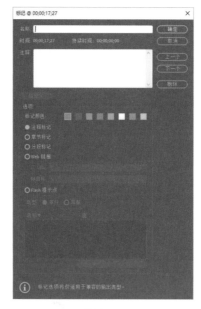

图13-17　　　　　　　　　图13-18

在"源"窗口调整标记范围，如图 13-19 所示。

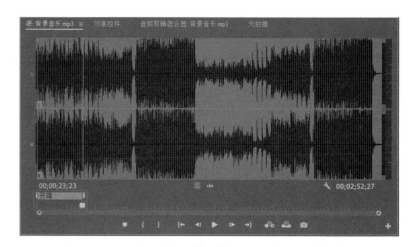

图13-19

根据上述方法使用不同颜色标记，分别添加"发展""高潮""结局"3 段标记范围，如图 13-20 所示。

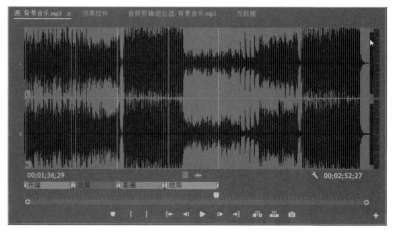

图13-20

标记完成后即可将素材拖入时间轴开始剪辑工作，如图 13-21 所示。

图13-21

13.3 粗剪和精剪概念

13.3.1 粗剪

根据音乐节奏结合挑选后的视频素材，将完成度高的镜头按照剪辑思路的顺序进行排列组合，将无效的素材剪掉，尽量保留与内容相符的画面，粗剪示意图如图 13-22 所示。

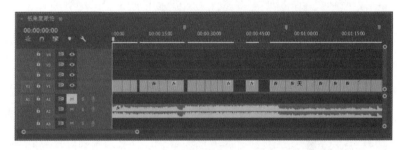

图13-22

13.3.2 精剪

在粗剪排列的基础上对每一个镜头做进一步的细化，包括剪切点的选择、镜头长度的处理、音乐节奏点的把握和衔接效果的添加，每一个步骤的修改都要以最终版为标准，精剪并不是一次就定版，也需要进行一步步的多次修改，直到符合预期要求为止，精剪示意图如图 13-23 所示。

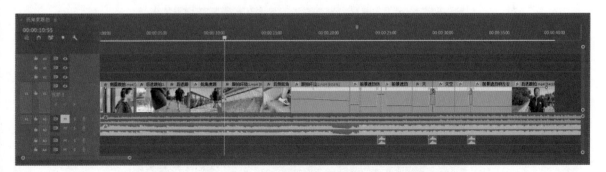

图13-23

13.4 短视频实战剪辑

本节通过对一个短视频制作过程的实战剪辑案例进行详细讲解来巩固前面所讲内容，本案例主要以音乐节奏为剪辑依据，其中音乐节奏结合视频变速为重难点内容，读者在学习过程中应注意节奏把控、转场切换和动作衔接等问题的掌握。

- 要点提示：音节节奏把握
- 素材路径：素材 \ 第 13 章 \13.4
- 在线视频：第 13 章 \13.4 短视频实战剪辑
- 应用场景：各类型短视频剪辑
- 魅力指数：★ ★ ★ ★ ★

01 首先将视频素材和音乐素材导入素材箱，将一段视频素材拖至时间轴工作区，然后选取一部分合适的背景音乐素材拖至 A2 轨道，如图 13-24 所示。

图13-24

02 将背景音乐根据"开始""高潮""结尾"分为 3 部分，并进行范围标记划分，如图 13-25 所示。

图13-25

03 根据"开始"部分的音乐节奏，选择交代环境类型的镜头排列在时间轴上，如图 13-26 所示。

图13-26

04 根据"高潮"部分的音乐节奏，选择模特运动幅度较大、转场组合镜头排列在时间轴上，如图 13-27 所示。

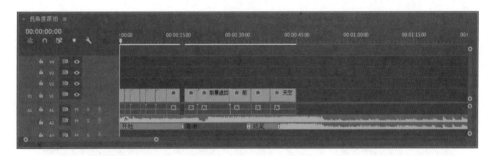

图13-27

05 根据"结尾"部分的音乐节奏，选择带有结束感觉并且比较平稳的镜头排列在时间轴上，如图 13-28 所示。

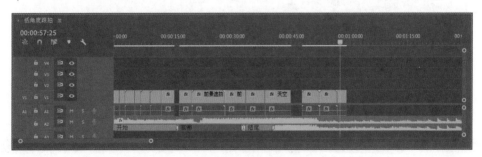

图13-28

06 根据音乐节奏大致调整视频素材的位置，并删减多余部分或者无效镜头，如图 13-29 所示。

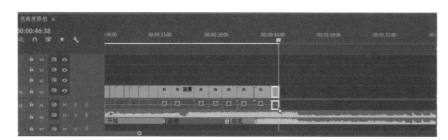

图13-29

07 按快捷键 M，在音乐鼓点处给背景音乐添加"标记点"，如图 13-30 所示。

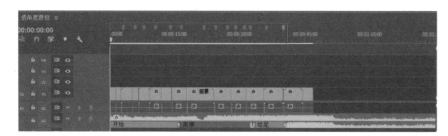

图13-30

08 利用"时间重映射"根据音乐节奏升高或降低视频速度，将切换位置与"标记点"对齐，并将音频部分删除，如图 13-31 所示。

图13-31

相关链接

"时间重映射"的使用方法，详见"1.8.3 时间重映射"内容，此处不再赘述。

09 调整不同角度镜头之间动作的衔接，使镜头切换连贯不卡顿，如图 13-32 所示。

图13-32

10 在两段转场镜头之间添加"视频过渡" > "溶解" > "交叉溶解"转场效果，如图 13-33 所示。

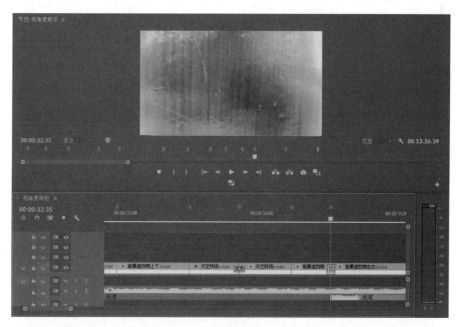

图13-33

11 在转场位置添加"转场音效"素材，如图 13-34 所示。

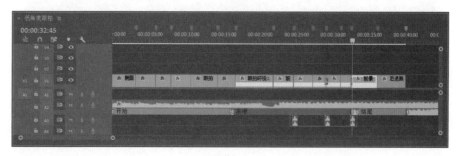

图13-34

12 参照"1.8.2 不透明度"章节中对"不透明度"的讲解内容，在视频的开始和结尾分别添加"淡入"和"淡出"效果，如图 13-35 所示。

13 参照"1.6 音乐的无缝衔接"章节中添加音频关键帧的方法，在音乐的开始和结尾分别添加"淡入"和"淡出"效果，如图 13-36 所示。

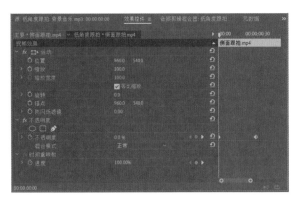

图13-35

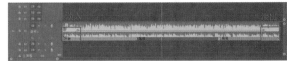

图13-36

14 整体预览视频检查无误后对视频进行调色，最后导出视频，导出设置如图 13-37 所示。

图13-37